“十三五”国家重大科技专项“沙颍河流域差异化水质目标管理与多目标智能管理平台构建”（2017ZX07602-003）

河南省地方环境保护标准制定探索与实践

——污染物排放标准

河南省环境保护科学研究院　编著

中国环境出版集团·北京

图书在版编目（CIP）数据

河南省地方环境保护标准制定探索与实践：污染物排放标准/河南省环境保护科学研究院编著. —北京：中国环境出版集团，2019.12
ISBN 978-7-5111-4223-8

Ⅰ. ①河… Ⅱ. ①河… Ⅲ. ①污染物排放标准—研究—河南 Ⅳ. ①X-652

中国版本图书馆 CIP 数据核字（2019）第 290439 号

出 版 人 武德凯
责任编辑 董蓓蓓
责任校对 任 丽
封面设计 彭 杉

出版发行 中国环境出版集团
（100062 北京市东城区广渠门内大街 16 号）
网 址：http://www.cesp.com.cn
电子邮箱：bjgl@cesp.com.cn
联系电话：010-67112765（编辑管理部）
010-67113412（第二分社）
发行热线：010-67125803，010-67113405（传真）
印 刷 北京建宏印刷有限公司
经 销 各地新华书店
版 次 2019 年 12 月第 1 版
印 次 2019 年 12 月第 1 次印刷
开 本 787×960 1/16
印 张 13.25
字 数 200 千字
定 价 60.00 元

《河南省地方环境保护标准制定探索与实践
——污染物排放标准》

编 委 会

前　言

随着国家经济社会和环境保护事业的发展，环境标准的地位和作用日益突出，环境标准的制修订工作也进入了快速发展阶段。由于大部分国家环境标准制定的依据是全国的经济技术平均水平，难以照顾到各地的环境特点和具体问题，这就需要通过地方环境标准予以弥补。“十二五”时期以来，河南省制订了18项地方污染物排放标准，包括《啤酒工业水污染物排放标准》《铅冶炼工业污染物排放标准》《化工行业水污染物间接排放标准》等10项地方行业污染物排放标准和省辖海河、蟒沁河、清溟河、贾鲁河等8项地方流域水污染物排放标准。一系列地方污染物排放标准的制定实施对河南省污染减排、结构调整和水环境质量改善发挥了重要作用。

在地方污染物排放标准研究制定工作中，标准类型不同，需要不同的工作思路、方法和技术路线，使得标准更具实用性和可操作性。流域水污染物排放标准与综合性排放标准、行业排放标准相比，最大的优势在于其可与河流水质直接挂钩，是依据水质目标和环境容量来制定的。制定行业污染物排放标准不是越严越好，要让企业“蹦一蹦，够得到”，必须考虑产业政策允许、技术上可达、经济上可行。水污染物间接排放标准的制定，应宽严适度，需要找到企业与公共污水处理厂之间的平衡点。

河南省环境保护科学研究院长期从事河南省地方污染物排放标准的制

定工作，积累了大量工作经验。本书集中反映了河南省环境保护科学研究院主持制定的一系列河南省地方污染物排放标准的工作情况，展示了不同类型地方污染物排放标准制定工作的内容、工作思路及对部分重点问题的思考和解决方法，是河南省地方污染物排放标准的重要技术支撑，是河南省地方污染物排放标准研究制定工作的成果。

河南省地方标准制定工作过程和本书编撰过程中得到了河南省生态环境厅科技标准处、相关地市标准管理部门、相关行业协会、专家、企业等有关部门和单位的大力支持，谨此向他们表示诚挚的谢意！

由于编者的水平有限，书中难免有不妥或错误之处，敬请批评指正！

编　者

2019 年 1 月

目 录

1 环境标准及我国环境标准体系

1.1 环境标准

1.1.1 标准的定义及特征

标准的定义有多种，盖拉德在《工业标准化——原理与应用》一书中，将标准定义为："标准是对计量单位或基准、物体、动作、程序、方式、常用方法、能力、职能、办法、设置、状态、义务、权限、责任、行为、态度、概念和构思的某些特性给出定义，做出规定和详细说明。它是为了在某一时期内运用，而用语言、文件、图样等方式和模型、样本及其他表现方法所做出的统一规定。"

桑德斯在《标准化的目的与原理》一书中，将标准定义为："标准是经公认的权威机构批准的一个个标准工作成果。它可以采用以下形式：①文件形式，内容是记述一系列必须达到的要求；②规定基本单位或物理常数，如安培、米、绝对零度等。"

国际标准《ISO/IEC 指南 2（第 8 版）》将标准定义为："标准是由一个公认的机构指定和批准的文件。它对活动或活动的结果规定了规则、导则或特性值，供共同和反复使用，以实现在预定领域内最佳秩序的效益。"

我国是ISO和IEC的正式成员，采用国际标准定义，在《标准化工作指南　第1部分：标准化和相关活动的通用术语》（GB/T 2000.1—2014）中，将标准定义为："标准是指为了在一定的范围内获得最佳秩序，经协商一致制定确立并由公认机构批准，为活动或结果提供规则、指南和特性，供共同使用和重复使用的文件。"

根据定义，标准通常具有如下5个特点：

①标准必须同时具备"共同使用和重复使用"的特点。

②制定标准的目的是获得最佳秩序，以便促进共同的效益。这种最佳秩序的获得是有一定范围的，而"一定范围"是指适用的人群和相应的事物。

③制定标准的原则是协商一致。

④制定标准的程序要符合一定的规范化要求，并且最终要由公认机构批准发布。

⑤标准产生的基础是科学、技术和经验的综合成果。

1.1.2　环境标准的定义及特征

同标准的定义一样，环境标准的定义也有多种。韩德培在《环境法知识大全》一书中定义环境标准为："环境标准是以法规的形式表现出来的，通过规定各种污染物在环境中的允许含量或污染源排放污染物的允许水平，来保证环境质量、控制环境污染、维持生态平衡的技术规范的总称。"

蔡守秋在《环境资源法学》一书中将环境标准定义为："为了防治环境污染、维护生态平衡、保护人体健康，对环境资源保护工作中需要统一的各项技术规范和技术要求所作的规定的总称。"

金瑞林在《环境与资源保护法学》一书中将环境标准定义为："按照法定程序制定的，以达到提高环境质量、防治环境污染、维持生态平衡、保护人群健康、增加社会财富等目的的各种技术规范的总称。"

张梓太、吴卫星在《环境与资源法学》一书中则定义环境标准为："环境标准是国家为防治环境污染、维护生态平衡、保护人体健康，由国务院环境保护行政主管部门和省级人民政府依据国家有关法律规定制定的技术准则，从而使环境保护工作中需要统一的各项技术规范和技术要求法制化，是环境保护法律体系的组成部分。"

1999年4月1日，国家环境保护总局以总局令第3号发布实施了《环境标准管理办法》，该办法第三条规定："环境标准是为了防治环境污染、维护生态平衡、保护人群健康，国务院环境保护行政主管部门和省、自治区、直辖市人民政府依据国家有关法律规定，对环境保护工作中需要统一的各项技术规范和技术要求，制定的标准。"

综合以上观点以及《环境标准管理办法》，具体而言，环境标准是国家为了保护人体健康、促进生态良性循环、实现社会经济发展目标，根据国家的环境政策和法规，在综合考虑本国自然环境特征、社会经济条件和科学技术水平的基础上规定环境中污染物的允许含量和污染源排放污染物的数量、浓度、时间和速率及其有关技术规范。

环境标准是具有法律性质的技术规范，其特征主要表现在：

（1）具有法律约束力

环境标准是评价环境状况和其他一切环境保护工作的法定依据。环境质量标准为判断环境是否被污染破坏提供依据，排放标准为判断排污行为是否合法提供依据，环境基础标准和环境监测方法标准为确认环境纠纷中所出示证据是否合法提供依据。

（2）具有规范性

环境标准通过一些定量的数据、指标、技术规范来表示行为准则的界限，是调整人们行为的规则和尺度。

（3）具有技术性

环境标准的制定主体、体系结构、基本原理、制定依据、实施体系等都不同于环境保护法律法规，标准内容技术性强、体系结构特殊，属于自然科学范畴。

（4）具有公益性

环境保护的对象是人的健康和生态系统的安全，制定环境标准的目的是保护公共环境利益，而且环境标准与实施国家环境保护法律法规有密切关系。

（5）具有时效性

环境标准是不断变化的，它需要随着地区环境特征的变化而相应调整，也随着当前环境污染控制技术的进步和经济发展水平的提高而不断发展、完善。

1.1.3 环境标准的作用及法律意义

（1）环境标准的作用

环境标准在国家环境管理中起着非常重要的作用，它是国家环境政策在技术方面的具体体现，是行使环境监督管理和进行环境规划的主要依据，是推动环境科技进步的动力，是环境影响评价的依据和准绳。具体体现在：

①环境标准是环境保护法规的重要组成部分。我国环境保护法规赋予环境标准法规约束性，使环境标准成为环境保护法规的重要组成部分。《中华人民共和国环境保护法》《中华人民共和国大气污染防治法》《中华人民共和国水污染防治法》《中华人民共和国噪声污染防治法》《中华人民共和国固体废物污染环境防治法》《中华人民共和国海洋环境保护法》等法规中，均明确了实施环境标准的条款。环境标准是环境保护法规的重要组成部分，是环境执法过程中不可或缺的重要依据。

②环境标准是制定环境规划的重要依据。环境标准反映了国家环境保护政策目标，代表了环境规划所要达到的目标，是制订环境保护规定和计划的重要依据。环境质量标准是具有鲜明阶段性和区域性特征的规划指标，是将环境规划总目标在规划时间和空间内，依据环境组成要素和控制项目予以分解并定量化的产物，是环境规划的定量描述；污染物排放标准是具有阶段性和区域性特征的控制措施指标，是按照环境质量目标要求，结合区域、行业技术、经济水平和生产特征，

将规划措施按照污染控制项目进行分解和定量化。

③环境标准是各级环保部门行使管理职能的基本依据。一切环境管理活动都必须以环境标准为基本依据。环境标准是强化环境管理的核心，是贯穿环保管理工作的基准，是环境监督管理的重要措施之一。环境质量标准是衡量环境质量优劣状况的尺度，污染物排放标准为判别污染源是否违法提供了依据，环境监测标准、环境标准样品标准和环境基础标准则为环境质量标准和污染物排放标准的正确实施提出了统一的技术要求、提供了充足的技术保障，并相应提高了环境监督管理的科学性和可比性。

④环境标准是推动科技进步的动力。环境标准是以科学技术与实践的综合成果为依据制订的，代表了今后一段时期内科学技术的发展方向，具有科学性和先进性，对技术进步起到导向作用。环境标准在某种程度能够成为判断生产工艺、生产设备和污染防治技术是否先进可行的依据，其实施不但可以起到强制推广先进科技成果的作用，而且能够加速新工艺、新设备及先进污染防治技术的推广和应用。

⑤环境标准是环境影响评价的依据和准绳。在环境影响评价工作中，无论是环境质量现状评价，还是环境影响评价，都需要依靠环境标准，做出定量化的比较和评价，正确判断环境质量的优劣，从而为制定切实可行的污染治理方案、进行环境污染综合整治、改善环境质量提供科学依据。

⑥环境标准具有投资导向作用。环境标准对环境投资具有明显的导向作用，环境标准中指标限值的高低为确定污染源治理所需资金投入提供技术依据，在基础建设和技术改造项目中，也能够根据环境标准限值确定污染源治理程度，提前做好污染防治资金的预算。

（2）环境标准的法律意义

环境标准是环境法的一项重要制度，它具有特殊性而区别于其他环境法律制度。环境标准作为环境保护法规的重要组成部分，在配合环境法实施过程中，有着非常重要的法律意义。

①环境标准是立法机关进行环境立法的依据。立法机关为保证法律法规的合

理性，制定环境保护相关法律法规需根据不同环境特征、不同行业、不同地区具体的污染物排放标准和环境质量标准，设置与之匹配的法律后果和行为模式。

②环境标准是各级环保部门开展环境行政管理的依据。环境管理活动如建设项目环评、“三同时”管理、征收超标排污费、污染源监测等的开展，均是建立在环境标准有效实施的基础上。

③环境标准是环境执法中判定行为是否违法的依据。环境质量标准是判断某地区环境是否遭到污染的依据，污染物排放标准则是判定排污行为是否合法的依据。

④环境标准是环境司法合法证据的来源。环境质量标准和污染物排放标准是以环境基础标准、环境监测方法标准和环境标准样品标准为根据而确定的，在环境纠纷中，双方所出示的“证据”必须依据环境基础标准和环境监测方法标准要求来进行随机抽样、正确实验、准确计算、客观分析获得。环境基础标准、环境监测方法标准和环境标准样品标准提供了这些合法“证据”的来源。

⑤环境标准是企业守法的依据。环境标准可促使企业选择符合国家产业政策的投资方向，根据区域环境质量要求合理安排项目用地，采取资源能源利用率高、污染物产生量少的生产工艺，选择切合实际的清洁工艺和污染治理技术，为企业在投资方向、选址布局、污染防治设施配套等方面的决策提供指导。

1.2 我国环境标准体系

1.2.1 我国环境标准的发展历程

我国环境保护标准与环境保护事业同步发展。1973 年，全国第一次环境保护会议召开，我国第一个环境标准——《工业“三废”排放试行标准》审查通过，为我国处于起步阶段的环保事业提供了管理和执法依据，奠定了我国环境保护标准的基础。

1979年3月，第二次全国环境保护工作会议在成都召开，会议要求进一步加强环境标准工作，颁布了《中华人民共和国环境保护法（试行）》。该项法律明确规定了环境标准的制修订、审批和实施权限，为环境标准工作提供了法律依据和保证；1981年，国家环保局成立，1983年发布了《环境标准管理办法》，开展了系统的环境标准研究、制定和颁布工作，并相继制定完成了水、气、声质量标准。我国环境标准体系框架初步构建。

20世纪80年代末，《地面水环境质量标准》（GB 3838—88）重新修订并发布实施，同时制定了《污水综合排放标准》替代《工业“三废”排放试行标准》中的废水部分；1989年12月26日，《中华人民共和国环境保护法》由中华人民共和国第七届全国人民代表大会常务委员会第十一次会议审议通过并发布实施；1990年国家环保局对已颁布的标准进行清理整顿，1991年12月，环境标准工作座谈会在广州召开，会议提出了新的环境标准体系，对现行标准实施中出现的问题进行梳理、提出解决方案，并开始着手修订综合排放标准和重点行业排放标准；1996年，国家环境标准进行清理整顿，制定、颁布了一批水、气污染物排放标准。80年代末至90年代末，我国环境标准完成了体系建设与调整阶段。

2000年4月29日，第九届全国人民代表大会常务委员会第十五次会议召开，会议通过了新修订的《中华人民共和国大气污染防治法》，其中明确了“超标即违法”，环境标准在环境管理中的法律地位进一步确立。自此我国环境标准进入快速发展阶段，标准类型和数量均大幅增加，标准体系不断健全。

截至2010年，我国发布环境保护标准1 351项，其中现行标准1 250项、废止标准101项。这些标准的发布和实施，为我国开展环境保护工作、促进环境质量改善发挥了十分重要的作用。我国环境管理进入了以环境质量改善为目标导向的新时期，我国环境标准迈入了体系优化促进转型的新阶段。

我国环境保护标准发展历程见图1-1。

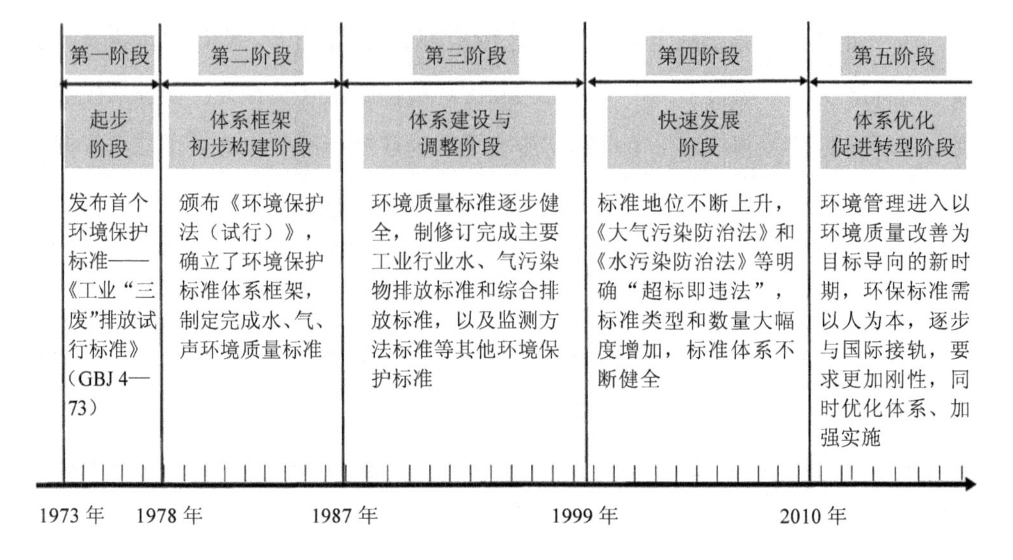

图 1-1　我国环境保护标准发展历程

1.2.2　我国环境标准分级

我国环境标准根据批准、制定、发布机关和适用范围的不同，可分为国家环境标准、地方环境标准和生态环境部（原环境保护部）标准三级。

（1）国家环境标准

是指由国务院生态环境主管部门批准发布、在全国范围内或者在特定区域内适用的标准。生态环境部负责环境标准的制定、解释、监督和管理。国家环境标准适用于全国的环境保护工作，是针对全国范围内的一般环境问题，其控制指标是依据全国平均水平和要求确定的。

（2）地方环境标准

是指由省级人民政府批准发布、在该行政区域内适用的标准，是对国家环境标准的补充和完善，由省、自治区、直辖市人民政府制定。国家标准在环境管理方面起宏观指导作用，不可能充分、全面地兼顾各地的环境状况和经济技术水平，各地可根据当地环境质量状况、技术经济发展程度，制定严于国家标准的地方标准。

（3）生态环境部标准

是指在环境保护工作中对需要统一的技术要求所制定的标准，包括执行各项环境管理制度、检测技术、环境区划、规划的技术要求、规范、导则等。生态环境部标准是由于需要在全行业制定统一的技术要求，而又没有国家标准，由国务院生态环境主管部门组织制定的行业标准。

1.2.3 我国环境标准分类

我国环境标准根据其性质、内容和功能，分为环境质量标准、污染物排放（控制）标准、环境监测方法标准、环境标准样品标准和环境基础标准五类。

（1）环境质量标准

环境质量标准是指在一定时间和空间范围内，对环境质量的要求所作的规定，即在一定时间和空间范围内，对环境中有害物质或因素的容许浓度所作的规定。环境质量标准是衡量一个国家、一个地区是否受到污染的尺度，是确认环境是否被污染、排污者是否应承担相应民事责任的主要根据，是制定污染物排放标准的依据。

根据标准级别的不同，环境质量标准可分为国家环境质量标准和地方环境质量标准。

1）国家环境质量标准

国家环境质量标准是为保障人群健康、维护生态和保障社会物质财富，并考虑技术、经济条件，对环境中有害物质和因素所作的限制性规定。从某种意义上讲，国家环境质量标准是环境质量的目标标准，是一定时期内衡量环境优劣程度的标准。

2）地方环境质量标准

对国家环境质量标准中未作规定的项目，省、自治区、直辖市人民政府可制定地方环境质量标准；对国家环境质量标准中已作规定的项目，可以制定严于国家环境质量标准的地方环境质量标准，并报国务院生态环境主管部门备案。地方环境质量标准在本辖区内适用。地方环境质量标准是国家环境质量标准的补充和完善。

根据环境要素的不同，环境质量标准又可分为水质量标准、大气质量标准、土壤质量标准、声环境质量标准等。

1）水质量标准

水质量标准是对水中污染物或其他物质的最大容许浓度所作的规定。水质量标准按水体类型可分为地面水质量标准、海水质量标准和地下水质量标准等；按水资源的用途可分为生活饮用水水质标准、渔业用水水质标准、农业用水水质标准、娱乐用水水质标准和各种工业用水水质标准等。

2）大气质量标准

大气质量标准是对大气中污染物或其他物质的最大容许浓度所作的规定。

3）土壤质量标准

土壤质量标准对污染物在土壤中的最大容许含量所作的规定。土壤中污染物主要通过水、食用植物、动物进入人体，因此，土壤质量标准中所列的主要是在土壤中不易降解和危害较大的污染物。

4）声环境质量标准

声环境质量标准规定了五类声环境功能区的环境噪声限值及测量方法，适用于声环境质量评价与管理。

（2）污染物排放（控制）标准

污染物排放（控制）标准是根据环境质量标准以及适用的污染治理技术，考虑经济承受能力，对排入环境中的有害物质和产生的各种因素所作的限制性规定。污染物排放（控制）标准是认定排污行为是否合法、排污者是否应承担相应法律责任的根据，是为了实现环境质量标准而制定的环境保护标准。

根据标准级别的不同，污染物排放（控制）标准可分为国家污染物排放（控制）标准和地方污染物排放（控制）标准。

1）国家污染物排放（控制）标准

国家污染物排放（控制）标准是根据国家环境质量标准，以及适用的污染控制技术并考虑经济承受能力，对排入环境的有害物质和产生污染的各种因素所作的限制性规定。国家污染物排放（控制）标准的制定是为了实现国家环境质量标准要求，以全国常见的污染物为主要控制对象，是对污染源控制的标准。

2）地方污染物排放（控制）标准

地方污染物排放（控制）标准是指当国家污染物排放（控制）标准不适于当地环境特点和要求时所制定的地方污染物排放（控制）标准。国家污染物排放（控制）标准中未作规定的项目可以制定地方污染物排放（控制）标准；国家污染物排放（控制）标准已作规定的项目，可以制定严于国家污染物排放（控制）标准的地方污染物排放（控制）标准；省、自治区、直辖市人民政府制定机动车、船舶大气污染物地方排放（控制）标准严于国家污染物排放（控制）标准的，须报经国务院批准。

根据适用范围的不同，污染物排放（控制）标准又可分为通用排放标准和行业排放标准。

1）通用排放标准

通用污染物排放标准规定一定范围（全国或一个区域）内普遍存在或危害较大的各种污染物的容许排放量，适用于各个行业。

2）行业排放标准

行业污染物排放标准按不同生产工序规定污染物容许排放量。

（3）环境监测方法标准

环境监测方法标准是为监测环境质量和污染物排放，规范采样、分析测试、数据处理等所做的统一规定。

环境监测方法标准中最常见的是采样方法、分析方法和测定方法的标准。环境监测方法标准是判断环境监测数据是否合法有效的根据，是确定环境纠纷中各方所出示证据和监测数据合法性的依据。

（4）环境标准样品标准

环境标准样品标准是为保证环境监测数据的准确、可靠，对用于量值传递或质量控制材料、实物样品而制定的标准。标准样品可用来分析评价仪器、鉴别其灵敏度，在环境管理中起甄别作用；也可用来评价分析者的技术，使操作技术规范化。

样品标准是一种实物标准，样品标准的作用在于保证环境监测数据的准确性、可靠性和可比性，为标定环境监测仪器和检验环境保护设备性能提供法律依据。

（5）环境基础标准

环境基础标准是对环境工作中需要统一的技术术语、符号、代号（代码）、图形、指南、导则、量纲单位及信息编码所做的统一规定。

环境基础标准只有国家标准，主要包括标准化、质量管理、技术管理、基础标准与通用方法、污染控制技术规范及自然资源环境保护等。环境基础标准的目的是避免各标准之间相互矛盾，为制定其他环境保护标准提供依据。

我国环境标准体系见图 1-2。

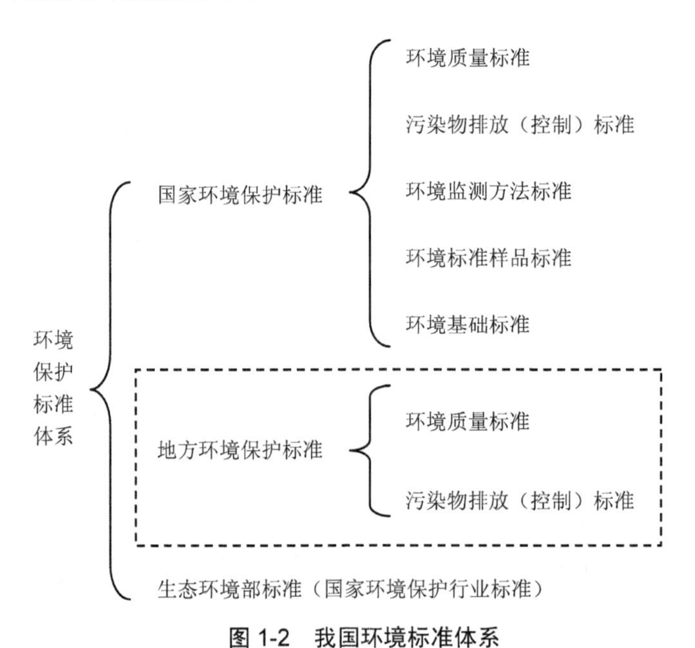

图 1-2　我国环境标准体系

1.2.4 我国环境标准的性质

根据《中华人民共和国标准化法实施条例》第十八条，环境保护标准分为强制性标准和推荐性标准。其中，国家环境质量标准和污染物排放标准属于强制性标准，省、自治区、直辖市人民政府制定的地方环境质量标准和污染物排放（控制）标准在本行政区域内是强制性标准。

强制性环境标准以外的标准是推荐性标准。推荐性标准国家鼓励使用，而推荐性环境标准若一旦被强制性标准和法律法规所引用，那么推荐性标准也必须强制执行，成为强制性标准的一员。

1.2.5 我国环境标准间的关系

国家环境标准与生态环境部标准的关系：需要在全国环境保护工作范围内做统一的技术要求而又没有国家环境标准时，应制定生态环境部标准，生态环境部标准是环境保护行业标准。

国家污染物排放标准间的关系：国家污染物排放标准分为综合性排放标准和行业性排放标准，综合性排放标准与行业性排放标准不交叉执行，即有行业排放标准的执行行业排放标准，没有行业排放标准的执行综合排放标准。

国家环境标准与地方环境标准的关系：地方环境标准严于国家环境标准，地方环境标准优先于国家环境标准执行。

2 河南省污染物排放标准制定工作概况

2.1 河南省污染物排放标准概况

随着国家经济社会和环境保护事业的发展，环境标准的地位和作用日益突出，环境标准的制修订工作也进入了快速发展阶段。由于大部分国家环境标准制定的依据是全国的经济技术平均水平，难以照顾到各地的环境特点和具体问题，这就需要通过地方环境标准予以弥补。自 2001 年以来，河南省相继制定并颁布实施了《盐业氯化物排放规范》和《合成氨工业水污染物排放标准》等河南省地方污染物排放标准，这些标准的颁布实施在促进行业发展、改善环境质量方面发挥了积极作用。

2001 年河南省第一个地方环境保护标准——《盐业氯化物排放规范》（DB 41/276—2001）[目前该标准已修订为《盐业、碱业氯化物排放标准》（DB 41/276—2011）] 发布实施，截至 2019 年年底，河南省共发布污染物排放标准 18 项，其中现行有效标准 17 项、废止标准 1 项（表 2-1）。

对于现行有效的 17 项地方环境保护标准，从控制对象来看，大气污染物排放标准 3 项、水污染物排放标准 14 项；从标准类别来看，行业污染物排放标准 10 项、流域水污染物排放标准 7 项；从排放控制方式来看，水污染物直接排放标准 10 项、间接排放标准 3 项；另有 1 项《合成氨工业水污染物排放标准》（DB41/538—2017）既有直接排放标准，又有间接排放标准。

表 2-1 河南省地方环境保护标准一览表

序号	标准号	标准名称	标准状态
1	DB 41/276—2011	盐业、碱业氯化物排放标准	现行有效
2	DB 41/681—2011	啤酒工业水污染物排放标准	现行有效
3	DB 41/684—2011	铅冶炼工业污染物排放标准	现行有效
4	DB 41/756—2012	化学合成类制药工业水污染物间接排放标准	现行有效
5	DB 41/757—2012	双洎河流域水污染物排放标准	废止
6	DB 41/758—2012	发酵类制药工业水污染物间接排放标准	现行有效
7	DB 41/776—2012	蟒沁河流域水污染物排放标准	现行有效
8	DB 41/777—2013	省辖海河流域水污染物排放标准	现行有效
9	DB 41/790—2013	清潩河流域水污染物排放标准	现行有效
10	DB 41/908—2014	贾鲁河流域水污染物排放标准	现行有效
11	DB 41/918—2014	惠济河流域水污染物排放标准	现行有效
12	DB 41/1066—2015	工业炉窑大气污染物排放标准	现行有效
13	DB 41/1135—2016	化工行业水污染物间接排放标准	现行有效
14	DB 41/1257—2016	洪河流域水污染物排放标准	现行有效
15	DB 41/1258—2016	涧河流域水污染物排放标准	现行有效
16	DB 41/538—2017	合成氨工业水污染物排放标准	现行有效
17	DB 41/1427—2017	燃煤电厂大气污染物排放标准	现行有效
18	DB 41/1820—2019	农村生活污水处理设施水污染物排放标准	现行有效

2.2 标准制定的法律依据及相关规定

2.2.1 法律依据

我国现行环境保护法律，包括《中华人民共和国环境保护法》（2015 年 1 月 1 日施行）、《中华人民共和国大气污染防治法》（2018 年 10 月 26 日修正）、《中华人民共和国水污染防治法》（2017 年 6 月 27 日第二次修正）、《中华人民共和国环境噪声污染防治法》（2018 年 12 月 29 日施行）、《中华人民共和国放射性污染防治法》（2003 年 10 月 1 日施行）、《中华人民共和国固体废物污染环境防治法》（2016 年 11 月 7 日修正）、《中华人民共和国海洋环境保护法》（2000 年 4 月 1 日施行）

等，对环境保护标准的制定机关、国家级和地方级环保标准的制定权限、国家级环境保护标准与地方级环境保护标准的关系等均做了明确的规定，为地方标准的制定提供了法律依据。

（1）《中华人民共和国环境保护法》（2015年1月1日施行）

第十五条 国务院环境保护主管部门制定国家环境质量标准。

省、自治区、直辖市人民政府对国家环境质量标准中未作规定的项目，可以制定地方环境质量标准；对国家环境质量标准中已作规定的项目，可以制定严于国家环境质量标准的地方环境质量标准。地方环境质量标准应当报国务院环境保护主管部门备案。

第十六条 国务院环境保护主管部门根据国家环境质量标准和国家经济、技术条件，制定国家污染物排放标准。

省、自治区、直辖市人民政府对国家污染物排放标准中未作规定的项目，可以制定地方污染物排放标准；对国家污染物排放标准中已作规定的项目，可以制定严于国家污染物排放标准的地方污染物排放标准。地方污染物排放标准应当报国务院环境保护主管部门备案。

（2）《中华人民共和国大气污染防治法》（2018年10月26日修正）

第八条 国务院生态环境主管部门或者省、自治区、直辖市人民政府制定大气环境质量标准，应当以保障公众健康和保护生态环境为宗旨，与经济社会发展相适应，做到科学合理。

第九条 国务院生态环境主管部门或者省、自治区、直辖市人民政府制定大气污染物排放标准，应当以大气环境质量标准和国家经济、技术条件为依据。

第十条 制定大气环境质量标准、大气污染物排放标准，应当组织专家进行审查和论证，并征求有关部门、行业协会、企业事业单位和公众等方面的意见。

第十一条 省级以上人民政府环境保护主管部门应当在其网站上公布大气环境质量标准、大气污染物排放标准，供公众免费查阅、下载。

第十二条 大气环境质量标准、大气污染物排放标准的执行情况应当定期进行评估，根据评估结果对标准适时进行修订。

（3）《中华人民共和国水污染防治法》（2017年6月27日第二次修正）

第十条 排放水污染物，不得超过国家或者地方规定的水污染物排放标准和重点水污染物排放总量控制指标。

第十二条 国务院环境保护主管部门制定国家水环境质量标准。

省、自治区、直辖市人民政府可以对国家水环境质量标准中未作规定的项目，制定地方标准，并报国务院环境保护主管部门备案。

第十三条 国务院环境保护主管部门会同国务院水行政主管部门和有关省、自治区、直辖市人民政府，可以根据国家确定的重要江河、湖泊流域水体的使用功能以及有关地区的经济、技术条件，确定该重要江河、湖泊流域的省界水体适用的水环境质量标准，报国务院批准后施行。

第十四条 国务院环境保护主管部门根据国家水环境质量标准和国家经济、技术条件，制定国家水污染物排放标准。

省、自治区、直辖市人民政府对国家水污染物排放标准中未作规定的项目，可以制定地方水污染物排放标准；对国家水污染物排放标准中已作规定的项目，可以制定严于国家水污染物排放标准的地方水污染物排放标准。地方水污染物排放标准须报国务院环境保护主管部门备案。

向已有地方水污染物排放标准的水体排放污染物的，应当执行地方水污染物排放标准。

第十五条 国务院环境保护主管部门和省、自治区、直辖市人民政府，应当根据水污染防治的要求和国家或者地方的经济、技术条件，适时修订水环境质量标准和水污染物排放标准。

2.2.2 相关规定

为加强和规范地方环境保护标准的制修订，生态环境部（原环境保护部）发布多项文件、标准，包括《关于加强地方环保标准工作的指导意见》（环发〔2014〕

49 号）、《地方环境质量标准和污染物排放标准备案管理办法》（环境保护部令　第 9 号）、《制定地方大气污染物排放标准的技术方法》（GB/T 3840—91）、《制定地方水污染物排放标准的技术原则与方法》（GB 3839—83）、《环境保护标准编制出版技术指南》（HJ 565—2010）、《国家环境保护标准制修订工作管理办法》（2017-02-22）等，指导地方标准的制定。

（1）《关于加强地方环保标准工作的指导意见》（环发〔2014〕49 号）

为进一步强化环保标准体系建设，增强节能减排和环境监管的科学依据，推动解决影响科学发展和损害群众健康的突出环境问题，环保部 2014 年 4 月印发《关于加强地方环保标准工作的指导意见》（环发〔2014〕49 号），为加强地方环保标准工作提出意见。文件明确要求，地方应：

①加快制修订地方环保标准步伐：制定地方环保标准发展规划或计划、明确制定地方环保标准的重点区域、依法制定地方环保标准；

②提升环保标准实施水平：准确把握各类环保标准作用定位、开展环保标准实施情况检查评估；

③加强环保标准宣传培训：持续开展环保标准培训、积极扩大环保标准宣传；

④强化环保标准工作保障：加大环保标准工作投入力度、理顺环保标准管理体制。

（2）《地方环境质量标准和污染物排放标准备案管理办法》（环境保护部令　第 9 号）

为加强对地方环境质量标准和污染物排放标准的备案管理，根据《中华人民共和国环境保护法》《中华人民共和国大气污染防治法》《中华人民共和国水污染防治法》，环境保护部 2009 年第三次部务会议于 2009 年 12 月 30 日修订通过了《地方环境质量标准和污染物排放标准备案管理办法》（环境保护部令　第 9 号），2010 年 3 月 1 日起施行。

该办法“适用于环境保护部对省、自治区、直辖市人民政府依法制定的地方环境质量标准和污染物排放标准的备案管理。

地方机动车船大气污染物排放标准的管理，依照经国务院批准、原国家环境保护总局发布的《地方机动车大气污染物排放标准审批办法》执行。”

第七条 ［质量标准备案要求］报送备案的地方环境质量标准，应符合下列要求：

（一）已经省、自治区、直辖市人民政府批准；

（二）对国家环境质量标准中未规定的污染物项目，补充制定地方环境质量标准。

第八条 ［排放标准备案要求］报送备案的地方污染物排放标准应当符合下列要求：

（一）已经省、自治区、直辖市人民政府批准；

（二）地方污染物排放标准应当参照国家污染物排放标准的体系结构制定，可以是行业型污染物排放标准和综合型污染物排放标准。行业型污染物排放标准适用于特定行业污染源或者特定产品污染源；综合型污染物排放标准适用于所有行业性污染物排放标准适用范围以外的其他各行业的污染源；

（三）对国家污染物排放标准中未规定的污染物项目，补充制定地方污染物排放标准；

（四）对国家污染物排放标准中已规定的污染物项目，制定严于国家污染物排放标准的地方污染物排放标准。

（3）《制定地方大气污染物排放标准的技术方法》（GB/T 3840—91）

国家环保局 1991 年发布《制定地方大气污染物排放标准的技术方法》（GB/T 3840—91），自 1992 年 6 月 1 日起实施。

该标准“规定了地方大气污染物排放标准的制定方法。该标准适用于指导各省、自治区、直辖市及所辖地区大气污染物排放标准。”

（4）《制定地方水污染物排放标准的技术原则与方法》（GB 3839—83）

该标准为“统一全国制定地方水污染物排放标准的指导思想、技术规定、基本程序和方法”而制定，是“国家环境基础标准，适用于排入江、河、湖、水库等地面水的污染物排放标准”。

（5）《环境保护标准编制出版技术指南》（HJ 565—2010）

环境保护部 2010 年 2 月 22 日发布《环境保护标准编制出版技术指南》（HJ 565—2010），自 2010 年 5 月 1 日起实施。

该标准“规定了国家环境保护标准的结构、编写排版规则，量、单位和符号使用的一般规则，以及标准出版的编排格式、字体和字号等”。

该标准“适用于国家环境保护标准的编制和出版工作。地方环境保护标准的编制和出版工作可参照该标准执行”。

（6）《国家环境保护标准制修订工作管理办法》（2017-02-22）

2017 年 2 月 22 日，环境保护部发布《国家环境保护标准制修订工作管理办法》。该办法包括总则，标准制修订工作程序和各方职责，标准制修订项目计划，成立标准编制组和开题论证，编制征求意见稿和征求意见，编制送审稿和技术审查，编制报批稿和报批，标准的行政审查和批准、发布，标准归档、工作证书发放，标准的宣传、培训和附则共 11 章 55 条。

第五条 标准制修订工作按下列程序进行:

（一）编制项目计划的初步方案;

（二）确定项目承担单位和项目经费，形成项目计划;

（三）下达项目计划任务;

（四）项目承担单位成立编制组，编制开题论证报告;

（五）项目开题论证，确定技术路线和工作方案;

（六）编制标准征求意见稿及编制说明;

（七）对标准征求意见稿及编制说明进行技术审查;

（八）公布标准征求意见稿，向有关单位及社会公众征求意见;

（九）汇总处理意见，编制标准送审稿及编制说明;

（十）对标准送审稿及编制说明进行技术审查;

（十一）编制标准报批稿及编制说明;

（十二）对标准进行行政审查；环境质量标准和污染物排放（控制）标准的行政审查包括司务会、部长专题会和部常务会审查；其他标准行政审查主要为司务会审查，若为重大标准应经部长专题会审查；

（十三）标准批准（编号）、发布；

（十四）标准正式文本出版；

（十五）项目文件材料归档；

（十六）标准编制人员工作证书发放；

（十七）标准的宣传、培训。

2.3 标准制定的必要性

地方标准是对国家标准的有益补充和完善，其制定具有如下必要性：

（1）环境质量改善的需要

国家标准制订依据的是全国经济技术平均水平，难以照顾到各地的环境特点和具体问题。而地方环境标准能够更好地切合当地的环境容量、经济发展特点和环境保护需要，针对性解决区域性环境问题，满足当地环境质量改善的需要。

（2）污染减排的需要

“十一五”时期污染减排主要依靠工程减排、结构减排、监管减排等手段。“十二五”时期以后，减排潜力减小，污染物新增排放量刚性增加，减排压力进一步增大，地方政府迫切需要新的措施和手段来保证减排任务的完成。而制定实施地方环境标准，可以根据当地经济发展水平和产业特征，发挥标准源自科技并促进科技的作用，推动工艺技术水平和污染治理水平的提高，满足当地污染减排的需要。

（3）产业结构调整的需要

我国各地经济发展水平存在差异，产业特点也不尽相同，相较于国家环境标准来说，地方环境标准可以更好地从当地产业发展的实际情况出发，针对性地设定污染物控制因子和排放限值，并通过排放限值的加严，推动产业结构调整，淘汰落后生产能力。

（4）依法行政的需要

目前，我国部分环境标准颁布实施时间较长，标准的导向性和约束力无法很好地体现。为满足环境质量改善的需要，部分地方环境管理部门出台行政文件加严企业排放限值，来进一步削减污染物排放量，但行政文件规定的标准限值缺少法律依据，这就需要针对地方环境保护的需要制定地方标准，把行政管理的要求上升到法规层面，使环境管理依据更加充分。

2.4 标准制定工作过程及主要工作内容

河南省污染物排放标准制定工作总体分为调研、开题和研究制定三个阶段，三个阶段前后接续、相辅相成。

2.4.1 调研阶段

需要通过现场调研和资料文献调查，分析整理提出调研结论，解决标准制定的必要性和可行性问题，这是标准制定任务提出的重要依据。

2.4.2 开题阶段

开题阶段要解决标准做什么、怎么做的问题，需要研究提出标准的主要内容、下一步标准制定工作方案，主要工作内容包括：

①标准的控制对象与范围，包括行业或污染源类别、污染物控制项目等；

②行业或流域背景情况，产业发展政策，国家有关环境保护的政策、法律、法规、规划；

③行业产排污情况及污染控制技术分析；

④国内外相关标准情况；

⑤拟采用的原则、方法和技术路线；

⑥拟开展的主要工作；

⑦需要讨论的重大问题；

⑧拟提交的工作成果；

⑨项目承担单位与标准制修订相关的工作基础条件；

⑩协作单位与任务分工；

⑪经费使用方案及人员投入情况；

⑫时间进度安排；

⑬标准草案。

2.4.3 标准研究制定阶段

标准研究制定阶段是按照开题报告拟定的工作方案实施标准制定工作的过程，需要解决如何做好的问题，主要工作内容包括：

①行业（或流域）深入调查；

②行业（或流域）产排污情况及污染控制技术深入分析；

③国内外相关标准情况；

④标准制订的总体方案，包括标准制定的目的、定位、基本原则和技术路线等；

⑤标准的主要技术内容，包括标准适用范围确定、标准框架确定、标准污染物控制项目确定及标准限值确定等内容研究；

⑥与国内外同类标准或技术法规的水平对比和分析；

⑦实施标准的经济、技术、管理措施的可行性分析；

⑧实施标准的管理措施、技术措施、实施方案建议；

⑨标准征求意见工作情况及对意见的处理情况；

⑩标准各阶段技术审查及修改工作。

2.5 标准制定中需要解决的关键问题

在地方污染物排放标准研究制定工作中，标准类型不同，需要有不同的工作思路、方法和技术路线，以使标准具有实用性和可操作性。

2.5.1 流域标准

流域水污染物排放标准与综合性排放标准、行业排放标准相比，最大的优势在于其可与河流水质直接挂钩，是依据水质目标和环境容量来制定的，客观上需要在水环境质量、环境容量和水污染物排放之间建立输入/输出响应关系。从行业排放标准到流域排放标准，由依据行业发展所能承受的治污水平确定排放标准限值，到依据河流水质目标、环境容量来确定排放标准限值，从某种意义上讲，是环境标准发展的重大转变。

（1）解决好标准定位问题

制定流域标准首先要解决好标准的定位问题。标准的定位研究要统筹考虑各种因素，协调各种关系，确定标准的出发点和落脚点，解决标准制定的整体性和根本性问题，包括标准的性质问题，标准制定的预期目标或水质改善目标问题，如何把握与国家现行综合排放标准、行业标准的关系问题，标准适用范围的问题等。这些问题的研究解决直接关系到标准制定的科学性、客观性和针对性，保障标准与流域经济社会发展水平、环境管理需求相适应。

（2）全面筛选确定污染物控制项目

综合考虑地表水环境质量考核因子、水污染物总量控制指标、重点行业排放污染物、水环境监测能力等所涉及的污染物，筛选污染物控制项目，结合国家相关要求，最终确定污染物控制项目。

（3）合理确定污染物限值

在制定地方流域水污染物排放标准过程中，标准限值的确定充分与断面责任目标要求、水环境现状、流域内上下游水污染特征、城镇污水处理厂标准、行业标准、流域管理需求等相衔接，对污染因子实施分区、分类、分时段差别化控制。污染物排放限值确定以环境质量目标为核心，重标准而不唯标准。

2.5.2 行业标准

制定行业污染物排放标准不是越严越好，要让企业“蹦一蹦，够得到”，必须考虑产业政策允许、技术上可达、经济上可行，要结合环境形势和产业政策要求，深入了解行业整体特征，找出存在问题，全面考察分析行业清洁生产工艺、污染治理技术、产排污情况，合理提出标准控制水平。通过标准促进行业提升工艺装备水平、提高污染治理水平、促进污染减排、推动产业结构调整优化。

2.5.3 间接排放标准

水污染物间接排放标准的制定，需要宽严适度，既要避免企业将污染处理成本转嫁到公共污水处理厂，也不能出现间排企业处理成本高于直排企业，有悖于标准制定初衷，既要避免化工废水对公共污水处理厂造成冲击，也要避免化工企业间排废水进入公共污水处理厂空转、稀释排放等工艺不合理现象。

3 双洎河流域水污染物排放标准

3.1 标准工作简介

3.1.1 工作背景

双洎河属于淮河流域沙颍河水系，是贾鲁河的主要支流之一，流经登封、新密、新郑、长葛、尉氏、鄢陵、扶沟等 7 县（市），于扶沟县汇入贾鲁河。全长 171 km，流域面积 1 758 km^2，占贾鲁河流域总面积近 30%。

双洎河是一条典型的无天然径流、季节性、又基本不具备自净能力的河流。该河流水质长期不达标，制定《双洎河流域水污染物排放标准》，是继综合整治、生态补偿等工程、行政和经济手段后，运用标准这一法规手段来倒逼产业结构调整、强制进行水污染深度治理、进一步削减污染物排放总量、改善河流水质。2011 年 9 月，河南省环境保护厅厅长办公会决定开展双洎河流域水污染物排放标准的制订工作。

《双洎河流域水污染物排放标准》是河南省首个流域标准。该标准依据双洎河水环境容量，以河流水质达标为目标开展制定工作，力求形成“提高标准—技术升级—结构调整—污染减排—改善环境”的良性循环。《双洎河流域水污染物排放标准》为河南省流域标准的制定，从技术方法、工作方式、组织管理等方面进行探索并积累经验。

3.1.2　工作过程

该标准制定工作历时一年，分为调研、开题、研究制定三个阶段。其间，调研近 50 人次，讨论、论证、汇报 20 余次，数易其稿。

（1）第一阶段：调研

2011 年 6—7 月，成立标准编制组，开展了双洎河流域水污染物排放标准制定前期调研工作，完成的主要工作包括：新密、新郑企业调研；流域自然特征、社会经济发展概况、水质变化趋势及污染成因、国内流域标准制定情况初步调查及分析；提出双洎河流域水污染物排放标准制定的意见和建议；完成《双洎河流域水污染物排放标准制定初步调研报告》。

2011 年 7 月，厅长专题会三次听取标准编制组调研情况汇报。

（2）第二阶段：开题报告编制

2011 年 8—11 月，编制《双洎河流域水污染物排放标准制定开题报告》，完成的主要工作有：双洎河沿线踏勘，赴山东省对流域水污染物排放标准的研究制定及实施后效果等情况进行调研，进一步调查分析流域自然特征、社会经济发展状况、水质变化趋势及污染成因，开展标准体系研究，确定标准制定技术路线、工作方案；完成《双洎河流域水污染物排放标准制定开题报告》。

2011 年 11 月，河南省环境保护厅主持召开了开题报告论证会。

（3）第三阶段：研究制订

2011 年 10 月至 2012 年 6 月，进行标准研究制定。其间，先后赴新乡调研，赴中国环境科学研究院标准所学习，走访双洎河沿线各县市环保局，赴新密、新郑进行典型企业调研，向流域各地发放调查表，对双洎河下游水质开展两期实测、监测矿井水和造纸废水中重金属情况，同时，进一步收集整理资料、汇总分析，开展标准定位研究、标准控制因子研究、标准限值研究、标准可达性研究及环境效益研究，数易其稿，完成标准文本、编制说明及研究报告。

2012 年 3 月，标准文本向社会及省厅内部征求意见。2012 年 3—6 月，厅长专题会三次听取标准制定工作情况汇报。2012 年 7 月，河南省环境保护厅主持召开了标准论证会。2012 年 7 月底，河南省厅内部征求意见。2012 年 8—9 月，环境保护部征求意见。2012 年 10 月，河南省质监局、河南省环境保护厅共同主持召开了标准审定会。

该标准由河南省人民政府 2012 年 11 月 30 日批准，自 2013 年 1 月 1 日起实施。

3.2 双洎河流域概况及污染成因分析

3.2.1 自然环境概况

双洎河属于淮河流域沙颍河水系，是贾鲁河的主要支流之一，主要由发源于登封市大冶镇的洧水和发源于新密市白寨鸡络坞的溱水于交流寨汇合而成。双洎河流经登封、新密、新郑、长葛、尉氏、鄢陵、扶沟等七县（市），于扶沟县汇入贾鲁河。全长 171 km，流域面积 1 758 km^2，占贾鲁河流域总面积近 30%。其中郑州境河段长度占总长的 49%，占总流域面积 76%以上。双洎河是一条典型的无天然径流、季节性、又基本不具备自净能力的河流，主要接纳沿岸生产生活污水。

双洎河流域具体汇水区域包括登封市大冶镇，新密市全境，新郑市市区及城关镇、新村镇、和庄镇、梨河镇、龙王乡、八千乡、薛店镇、郭店镇 8 个乡镇，长葛市官亭乡、老城镇、大周镇、董村镇、古桥乡、南席镇 6 个乡镇，尉氏县岗李乡，鄢陵县彭店乡，扶沟县曹里乡。从双洎河纳污情况来看，约 98%的污水来自新密市和新郑市，另外还接纳了其余沿岸乡镇的少量污水（图 3-1、图 3-2）。

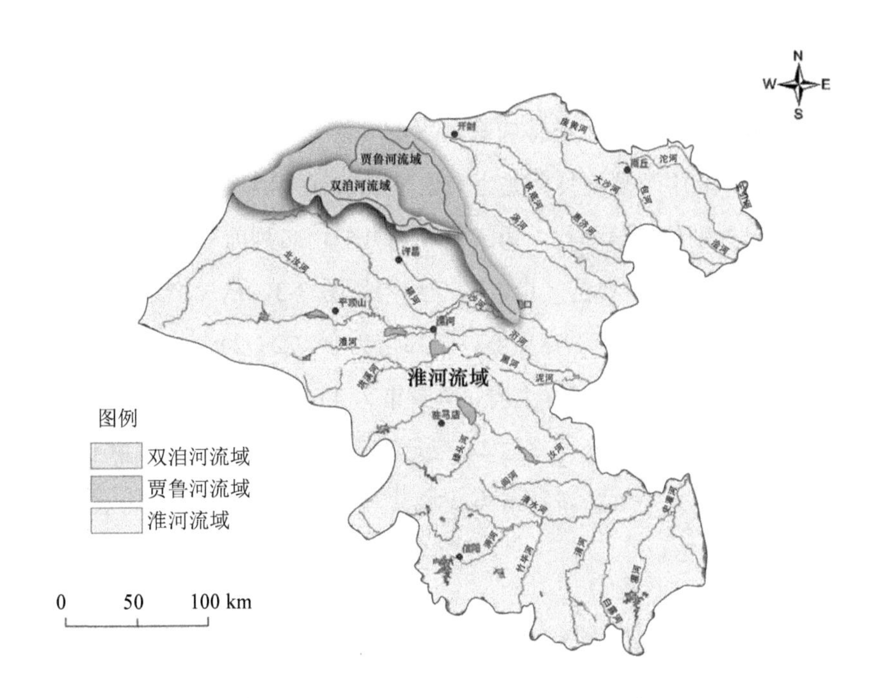

图 3-1 双洎河流域在淮河流域的位置

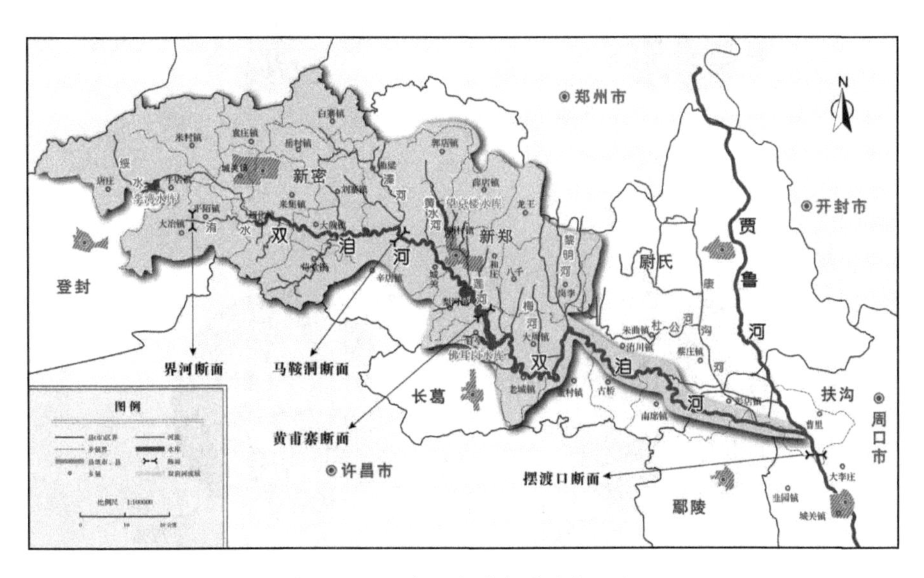

图 3-2 双洎河流域水系分布示意

3.2.2 社会经济发展特征

双洎河流域社会经济水平整体较高，大部分县（市）在全省县域经济排名中都处于中上水平，其中郑州境县市尤为突出。在2010年全省县域经济排名中，新密、新郑、登封分别位居第二位、第三位和第九位，名列前茅。

2010年双洎河流域主要县（市）三产结构见图3-3。从三产结构上看，登封市为3∶78∶19、新密市为3∶72∶25、新郑市为4∶72∶24，二产比重远高于全省57%的平均水平。从人均GDP上看，登封市为4.68万元、新密市为5.01万元、新郑市为4.77万元，也远高于全省2.44万元的平均水平。从城镇化率上看，登封市为43.8%、新密市为45%、新郑市为45%，高于全省38.8%的平均水平。从环

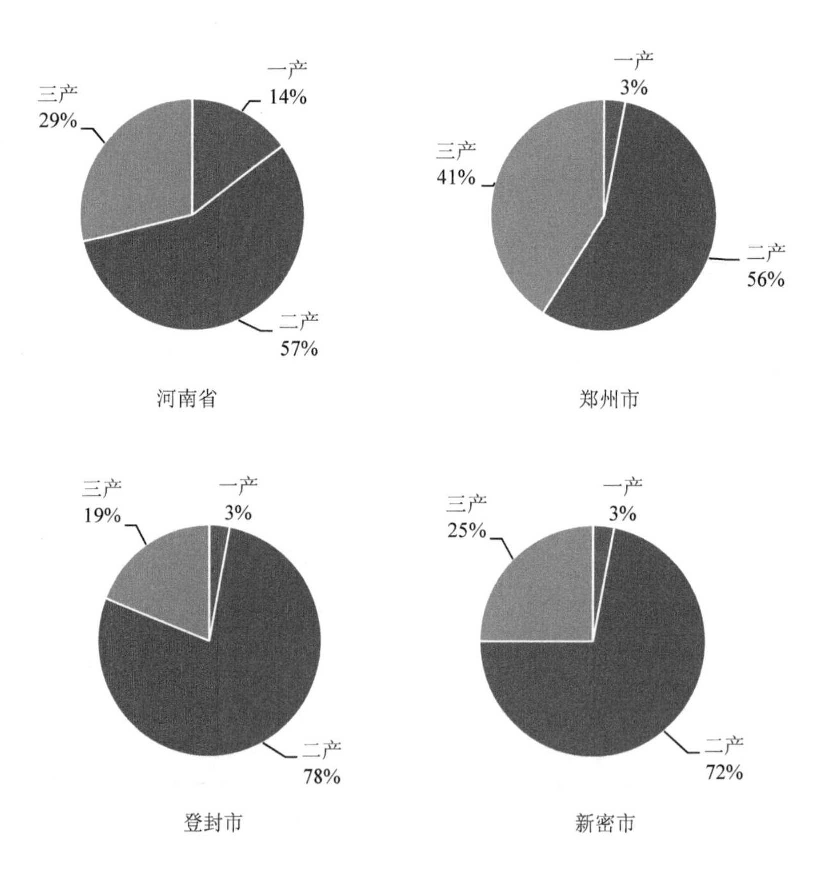

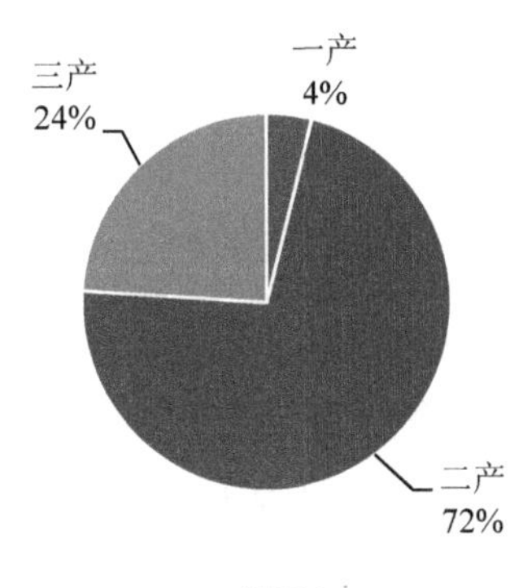

新郑市

图 3-3 2010 年双洎河流域主要县（市）三产结构

保投入占 GDP 比重上看，登封市为 2.07%、新密市为 1.98%、新郑市为 2.2%，总体与郑州市 2.08%的平均水平持平，其中新密市人均 GDP 最高，但环保投入占 GDP 比重最低。

登封、新密、新郑三市主导产业包括煤炭、铝加工、耐材、造纸等。双洎河流域造纸企业全部位于新密市，2010 年造纸工业增加值占新密市工业增加值的 5.6%。

根据各市国民经济和社会发展"十二五"规划，2015 年新密市三产结构 2∶66∶32，城镇化率为 58%，人均 GDP 为 8.72 万元；新郑市三产结构为 3∶67∶30，城镇化率为 65%，人均 GDP 为 10.5 万元。两市的一产、二产比重将有所下降，三产比重将增加，城镇化率和人均 GDP 将显著提高。

可见，双洎河流域郑州境社会经济水平整体较高，工业比重大，行业特征突出，持续快速发展及城镇化率提高潜藏更大的水环境压力，水质改善需要加严标准，也具有提标的经济基础，制定流域标准便于实施、便于控制。

3.2.3 水污染物排放

双洎河流域水污染物排放量持续下降，但有回升迹象；水污染物排放重点区域为新密市，重点行业为造纸行业、城镇生活污水和畜禽养殖污水。

从排放趋势来看，根据郑州市2006—2010年环境统计年报，双洎河流域化学需氧量、氨氮排放量整体呈下降趋势，但2010年有所回升。

从排放总量来看，2010年双洎河流域郑州境化学需氧量排放量为27 788 t/a、氨氮排放量为2 173 t/a，约占流域排放量的98%。

从排放类别来看，2010年双洎河流域工业化学需氧量排放量为6 896 t/a、占流域排放量的25%，生活化学需氧量排放量为8 152 t/a、占流域排放量的29%，农业化学需氧量排放量为12 740 t/a、占流域排放量的46%；工业氨氮排放量为222 t/a、占流域排放量的10%，生活氨氮排放量为1 141 t/a、占流域排放量的53%，农业氨氮排放量为811 t/a、占流域排放量的37%。

从排放区域来看，2010年新密市化学需氧量排放量为17 948 t/a、氨氮排放量为1 143 t/a，分别占流域排放量的65%、53%；新郑市化学需氧量排放量为9 840 t/a、氨氮排放量为1 030 t/a，分别占流域排放量的35%、47%。水污染物排放重点区域是新密市。

从排放行业来看，2010年造纸行业化学需氧量排放量及氨氮排放量均居工业排放首位，排放量分别为4 549.9 t/a、126.7 t/a，分别占重点工业企业排放总量的76.1%、65.1%；其次为煤炭行业，化学需氧量排放量为924 t/a，占重点工业企业排放总量的15.5%；轻工行业位居第三，化学需氧量排放量及氨氮排放量分别为288.5 t/a、28.9 t/a，占重点工业企业排放总量的4.8%、14.8%。双洎河流域农业源化学需氧量、氨氮排放量分别占排放总量的46%、37%，其中养殖业排放量分别占农业源排放量的100%和90%，而流域养殖业基本为畜禽养殖业，其化学需氧量、氨氮排放量分别为12 719 t/a、719 t/a，占养殖业排放量的99.8%和98.4%。

从排放强度来看，2010年新密市化学需氧量万元GDP排放量为4.5 kg，新郑市化学需氧量万元GDP排放量为3.9 kg，明显高于郑州市2.91 kg和全省2.7 kg的平均水平；新密市氨氮万元GDP排放量为0.29 kg，新郑市氨氮万元GDP排放量为0.39 kg，总体持平于郑州市0.37 kg和全省0.32 kg的平均水平。新密市化学需氧量排放强度是全省平均水平的1.7倍。

从排放浓度来看，由环境统计数据估算，2010 年双洎河流域废水化学需氧量平均排放浓度约 147 mg/L、氨氮约 13.3 mg/L；生活污水化学需氧量平均排放浓度约 249 mg/L、氨氮约 34.8 mg/L；造纸厂废水化学需氧量平均排放浓度约 138.8 mg/L、氨氮约 3.86 mg/L。

3.2.4 水质情况

根据豫政文〔2006〕233 号批复的《河南省水环境功能区划》，双洎河黄甫寨断面水质为Ⅳ类；根据郑政文〔1996〕16 号批复的《郑州市地表水环境功能区划方案》及 2003 年修编的《郑州市水环境功能区划技术报告》，界河断面水质为Ⅴ类、马鞍洞断面水质为Ⅴ类。

2010 年水质责任目标为界河断面化学需氧量浓度 30 mg/L、氨氮 1.5 mg/L，马鞍洞断面化学需氧量浓度 40 mg/L、氨氮 1.5 mg/L，黄甫寨断面化学需氧量浓度 30 mg/L、氨氮 1.5 mg/L；双洎河各断面“十二五”时期水质责任目标均为化学需氧量浓度 40 mg/L、氨氮 2 mg/L。

2003—2010 年，双洎河化学需氧量、氨氮浓度总体下降，但仍达不到相应水环境功能及责任目标要求，且 2010 年略有上升趋势，与污染物排放趋势相吻合。双洎河丰、平、枯各水期之间水质变化规律不明显。总体来看，界河断面水质略优于下游，马鞍洞断面和黄甫寨断面水质较差，均为劣Ⅴ类。

双洎河主要超标污染因子为化学需氧量、氨氮、五日生化需氧量、总氮、总磷。2010 年，界河断面化学需氧量、氨氮年均浓度分别为 35 mg/L、1.68 mg/L；马鞍洞断面化学需氧量、氨氮、五日生化需氧量、总氮、总磷年均浓度分别为 33 mg/L、3.36 mg/L、7.5 mg/L、4.99 mg/L、0.32 mg/L，全年超标率分别为 50%、83.3%、50%、100%、66.7%；黄甫寨断面化学需氧量、氨氮、五日生化需氧量、总氮、总磷年均浓度分别为 33 mg/L、3.90 mg/L、5 mg/L、5.78 mg/L、0.31 mg/L，全年超标率分别为 41.7%、66.7%、16.7%、100%、66.7%，化学需氧量＞40 mg/L 占 44.2%、氨氮＞2 mg/L 占 67.3%；下游周口境实测断面化学需氧量、氨氮浓度均值分别为 21.6 mg/L、0.64 mg/L，满足Ⅳ类水环境功能要求。

根据《河南省环境容量研究报告》，双洎河源头至黄甫寨断面间化学需氧量、氨氮水环境容量分别为 1 564 t/a、98 t/a，最大允许排放量分别是 2 234 t/a、140 t/a，但 2010 年，双洎河流域化学需氧量、氨氮排放量分别为 27 788 t/a、2 173 t/a，分别超载 12.4 倍、15.5 倍。

3.2.5 造纸行业废水、城镇生活污水与畜禽养殖污水

（1）造纸行业废水

郑州市造纸在新密，新密造纸在大隗，大隗有着上千年的造纸历史。2010 年，新密市造纸产量近 260 万 t/a，占河南省产量的 1/4，位居省辖市之首。造纸企业 48 家，以废纸为主要原料，生产线 277 条，单线产能仅 1.1 万 t，采用的纸机幅宽 2 m 以下的占 58.7%、幅宽 4 m 以上的仅占 0.6%，年产量 1 万～5 万 t 规模的企业占企业总数的 58%，年产量 10 万 t 规模以上的企业仅占 10%。2010 年，新密市造纸企业平均单位产品用水量 25 m^3/t 纸、单位产品废水排放量 23.6 m^3/t 纸。48 家造纸企业中清洁生产水平处在三级及以下的占 52%，二级水平的占 48%。造纸企业基本都采用物化+生化的污水处理工艺，出水化学需氧量 23～312 mg/L，部分企业污水经厂内处理后进入新密市造纸群污水处理厂深度处理，处理后排水化学需氧量可达 50 mg/L 以下。造纸化学需氧量排放量占全市重点工业企业的 91%，GDP 贡献占全市的 5.6%。这些严重不对等的数据充分说明了新密市造纸“小而多、装备低、排污重、效益差”的状况。

回顾近年来的发展，新密市造纸行业一直处于被动应对国家产业政策和环境约束的状态，今后的发展必须由被动应对转向主动作为，控制总规模，优化布局，大幅度淘汰落后产能，大幅度提高装备技术水平，全面谋划走向“代价小、效益好、排放低、可持续”的发展道路。

（2）城镇生活污水

双洎河流域建有城镇生活污水处理厂 3 家（不含航空港区第一污水处理厂），

分别是新密市城市污水处理厂、新郑市新源污水处理有限责任公司一厂、新郑市新源污水处理有限责任公司二厂，处理能力 6 万 t/d，执行《城镇污水处理厂污染物排放标准》二级标准。新郑市新源污水处理有限责任公司一厂已完成《城镇污水处理厂污染物排放标准》一级标准的 A 标准升级改造，其他污水处理厂拟扩建规模 5 万 t/d 并升级改造达到一级标准的 A 标准。

双洎河流域已建、在建及拟建乡镇生活污水处理厂 10 家，包括登封大冶镇污水处理厂，新密牛店镇、超化镇、刘寨镇、来集镇、平陌镇、大隗镇、苟堂镇及曲梁产业集聚区污水处理厂等 8 家，新郑郭店镇污水处理厂，合计处理能力近 6 万 t/d，执行一级标准的 A 标准。新郑市拟建设污水管网，收集市区周边和庄镇、梨河镇、新村镇、城关乡及八千乡污水纳入市区污水处理厂集中处理。

根据 2010 年污染源普查更新数据，城镇污水收集处理率为登封 59.02%、新密 34.14%、新郑 49.09%，郑州市环境保护“十二五”规划要求县（市）城市生活污水处理率大于 85%。

（3）畜禽养殖污水

双洎河流域郑州境现有畜禽养殖场 94 个，养殖种类包括猪、牛、鸡，其中主要为生猪养殖。现有生猪养殖场 78 个，存栏量约 11.5 万头/a，平均规模 1 469 头/场，其中河南雏鹰农牧股份有限公司存栏量约占总存栏量的 80%。河南雏鹰农牧股份有限公司是我国首个生猪养殖上市公司，在新郑的发展将以拉长产业链为主，发展屠宰、肉制品等。也就是说，双洎河流域在未来几年养殖规模不会有大的增加。

2010 年双洎河流域畜禽养殖业化学需氧量、氨氮排放量分别为 12 719 t/a、719 t/a，分别占流域总排放量的 46%、33%，畜禽养殖业污染物排放量大，但入河量不大。根据《中国环境经济核算技术指南》《河北省面源污染分析》《全国规模化畜禽养殖业污染情况调查技术报告》等资料，畜禽养殖行业污染物入河系数为 0.04～0.2，据此估算，双洎河流域养殖污染物入河量约为化学需氧量 1 272 t/a、氨氮 71.9 t/a。

对于畜禽养殖污染控制，我国现行标准为《畜禽养殖业污染物排放标准》

（GB 18596—2001），其排放限值为化学需氧量 400 mg/L、氨氮 80 mg/L。2011 年 3 月，环境保护部发布了该标准修订的征求意见稿，其排放限值为化学需氧量 100 mg/L、氨氮 25 mg/L，较现行标准大幅度收紧了标准限值。

3.2.6 水污染成因

双洎河是一条典型的无天然径流、季节性、又基本不具备自净能力的河流。郑州市辖区以 49%的河段占有高于 76%的流域面积、98%的污染排放量。双洎河水质逐年改善但仍持续超标，近年有污染反弹迹象，与污染物排放变化趋势相吻合。继综合整治、生态补偿等行政和经济手段后，需要运用流域标准这一法律手段来倒逼产业结构调整，强制水污染深度治理。

双洎河无天然径流、基本不具备自净能力是其污染形成的自然原因，而生产生活污水排放是造成双洎河水质超标的主要人为因素。流域水污染的重点行业是造纸行业和城镇生活污水，流域水污染的重点区域是新密市。

新密市造纸产量位居省辖市之首，但“小而多、装备低、排污重、效益差”，一直处于被动应对国家产业政策和环境约束的状态，亟待提升。双洎河流域城镇生活污水处理能力不足，处理标准低，具有较大的提升空间。

3.3 标准制定的总体定位

双洎河流域水污染物排放标准的定位研究就是统筹考虑各种因素，协调各种关系，确定标准的出发点和落脚点，解决标准制定的整体性和根本性问题，包括标准的性质问题，标准制定的预期目标或水质改善目标问题，如何把握与国家现行综合排放标准、行业标准的关系问题，标准适用范围的问题等。这些问题的研究解决直接关系到标准制定的科学性、客观性和针对性，保障标准与流域经济社会发展水平、环境管理需求相适应。

（1）性质定位

我国的污染物排放标准，从级别上可分为国家标准和地方标准，从种类上可分为综合型排放标准和行业型排放标准。地方标准与国家标准相比，具有更强的适用性，即针对性，讲求解决实际问题。流域排放标准与综合型排放标准、行业型排放标准相比，最大的优势在于其可与河流水质直接挂钩，制定流域标准客观上需要在水环境质量、环境容量和水污染物排放之间建立输入/输出响应关系。

从我国水污染物排放标准的发展来看，经历了从综合型排放标准，到行业型排放标准，再到流域排放标准的过程。综合型排放标准（如现行的 GB 8978—1996），是根据当时全国经济发展总体水平和综合各地污染排放水平之后提出的一条基本线，是污染物排放的最低要求。行业型排放标准近年来发展很快，2011 年我国现行的行业水污染物排放标准多达 50 项，但行业型排放标准的制定主要是依据行业发展、污染特征及可承受的治污水平，其作用是在保障发展的同时实现控源减污。对于同一污染物来说，不同的行业其排放标准限值不同（以 COD 为例，排放标准限值为 40～400 mg/L），从某种角度上说就是给了高污染行业一定的排污特权，允许它们占用更多的环境容量资源。在一定的历史时期，这样做有其合理的成分，但如果长期不变，则会成为落后生产能力的保护伞。而流域排放标准则是依据水质目标和环境容量来制定的，充分体现了环境优先和环境优化发展的作用。因此，从行业型排放标准到流域排放标准，由依据行业发展所能承受的治污水平确定排放标准限值，到依据河流水质目标、环境容量来确定排放标准限值，是控制污染方式的重大转变。

从经济社会发展看，2010 年登封、新密、新郑三市二产比重分别为 78%、72%、72%，城镇化率（2010 年）分别为 43.8%、45%、45%，人均 GDP 分别为 4.68 万元、5.01 万元、4.77 万元，均高于全省平均水平，在全省县域经济排名中名列前茅。但与我国发达地区相比，仍有较大差距，2010 年江苏省张家港市、江阴市、吴江市人均 GDP 分别为 17.770 0 万元、16.601 0 万元、12.567 4 万元，远高于登封、新密、新郑三市。

从污染治理和水质变化趋势看，“十五”到“十一五”期间，双洎河流域一直被列为郑州市环境综合整治的重点，采取了一系列的工程措施、行政措施和经济措施，河流水质也一直在改善，但劣Ⅴ类水的污染状况始终未改变。近两年，河流水质改善趋势明显放缓，特别是 2011 年前 23 周，黄甫寨断面 COD 超标 22 次、氨氮超标 11 次。由此也反映出，双洎河污染治理和水质改善不可能一蹴而就，它需要一个过程，甚至不是一个短期的过程。

因此，制定双洎河流域水污染物排放标准，一方面要紧扣水质改善和环境管理需求，另一方面也必须充分考虑流域经济社会发展的阶段性特征，不能不顾经济技术条件和达标成本，现阶段还不能一步到位直接依据环境容量确定限值，也不宜一步到位替代综合型排放标准和行业型排放标准，本版标准只能是一个过渡性标准，尚不能实现水质改善质的飞跃（全流域全时段水质达标），全面解决流域污染问题也不现实。

《双洎河流域水污染物排放标准》作为河南省第一个流域排放标准，是河南省地方环境保护标准制定工作的试点和探索，它的制定实施也是一个信号，将向社会各界（政府、企业、公众）传达一个重要信息——河南省已开始根据环境质量标准来统一排放标准，行业排污特权将逐步取消，“环境决定发展”将由意识变为行动（图 3-4）。

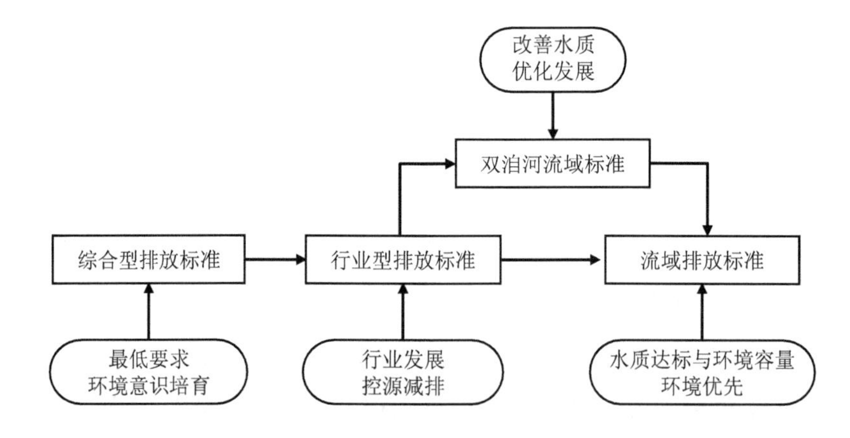

图 3-4 标准制定的性质定位示意

因此，双洎河流域水污染物排放标准的性质定位（图 3-4）为：试点、信号和过渡性标准，解决双洎河流域水污染的阶段性重点问题，满足环境管理急需，服务于减排，定位于水质改善的量变。

（2）目标定位

双洎河属淮河流域沙颍河水系贾鲁河支流，主要功能是排涝泄洪和农灌，其天然径流量很小，主要接纳沿途的工业废水和城镇生活污水。

与河南省大部分河流一样，双洎河水质实行功能区划与责任目标双重控制。“十二五”时期双洎河水质功能区仍然是界河断面、马鞍洞断面水质Ⅴ类，黄甫寨断面水质Ⅳ类；“十二五”时期 COD 水质责任目标上游、下游统一为 40 mg/L，氨氮水质责任目标由“十一五”时期的 1.5 mg/L 调整为“十二五”时期的 3.0 mg/L，有所放宽。双洎河水质监测断面分布及各断面水体功能及责任目标情况见表 3-1。

表 3-1 双洎河水质监控断面及水质目标 单位：mg/L

控制断面	考核地区	断面性质	功能区划水质类别	2010 年责任目标		2015 年责任目标	
				COD	NH_3-N	COD	NH_3-N
界河	登封市	市控	Ⅴ	30	1.5	40	3
马鞍洞	新密市	市控	Ⅴ	40	1.5	40	3
黄甫寨	新郑市	省控	Ⅳ	30	1.5	40	3

对于界河断面来说，2010 年 COD 年均值为 35 mg/L，氨氮年均值为 1.68 mg/L，COD、氨氮均不满足责任目标要求。从 2010 年到 2011 年上半年自动监控数据统计来看，COD 浓度高于 30 mg/L 的数据占 20%，高于 40 mg/L 的数据占 7%；氨氮浓度高于 1.5 mg/L 的数据占 52%，高于 2 mg/L 的数据占 34%。

对于马鞍洞断面来说，2010 年 COD 年均值为 33 mg/L，氨氮年均值为 3.36 mg/L，氨氮不满足责任目标要求。从 2010 年到 2011 年上半年自动监控数据统计来看，COD 浓度高于 30 mg/L 的数据占 61%，高于 40 mg/L 的数据占 47%；氨氮浓度高于 1.5 mg/L 的数据占 83%，高于 2 mg/L 的数据占 74%。

对于黄甫寨断面来说，2010 年 COD 年均值为 33 mg/L，氨氮年均值为

3.90 mg/L，COD、氨氮均不满足责任目标要求。从 2010 年到 2011 年上半年自动监控数据统计来看，COD 浓度高于 30 mg/L 的数据占 94%，高于 40 mg/L 的数据占 58%；氨氮浓度高于 1.5 mg/L 的数据占 68%，高于 2 mg/L 的数据占 50%。

这些数据显示，双洎河水质在大部分时间段均为劣Ⅴ类，要在短期内实现达到Ⅳ类水质目标不现实，水质改善要经历由量变到质变的过程。

因此，在对双洎河水环境功能、水质污染特征及变化趋势分析的基础上，本着实事求是的原则，拟定双洎河流域标准水质改善的预期目标为：双洎河在本版标准的实施期内（5 年左右）消灭劣Ⅴ类水，达到 COD 排放浓度为 30 mg/L、氨氮排放浓度为 2 mg/L。

（3）关系定位

1973 年，我国发布了首个环境保护标准——《工业“三废”排放试行标准》，这一标准在相当长的时间内发挥了重要作用。经过 40 余年的发展，我国已建立了门类较完备、内容较完善、结构较合理的，以环境质量标准为核心、以污染物排放标准和监测规范为骨架，包括环境基础标准和标准管理规范类环境保护标准的环境标准体系，标准的适用范围涵盖水、气、土壤、声与振动、固体废物与化学品、生态、核与辐射等环境要素。2011 年国家环境保护标准已达 1 350 余项，其中污染物排放标准 130 项，地方环境标准达 63 项。

在双洎河流域水污染物排放标准的制定中，只有处理好其与国家现行环境标准、河南省地方环境标准的关系，发挥好标准之间协同、配合、支撑作用，才能达到预期目标、产生应有效益。那么，双洎河流域水污染物排放标准是全部替代国家现行水污染物排放标准？还是部分替代？抑或与国家现行排放标准并行？

对于水污染物排放标准来说，2011 年我国水污染物排放标准约 50 项，河南省地方水污染物排放标准有 4 项，这些标准发布时间为 1983—2011 年，涉及控制因子多达 112 个，特别是一些行业的特征因子，如三唑酮、马拉硫磷、肼、硝化甘油等，同一因子的标准限值也有较大差异，如 COD 限值范围 40～400 mg/L、氨氮限值范围 3～80 mg/L。而且，新标准不断发布，现行标准不断修订。要想用一个流域标准去统一并替代这些标准，实在不易。纵观外省已发布的地方流域标准，抑或是全因子控制的山东省流域标准，也没有替代所有行业排放标准，均是从严执行流域标准和国家相关排放标准。

双洎河是一个典型小流域，标准内容不宜太过庞大，还是应该根据标准的性质定位，着力于解决流域污染的重点问题，满足环境管理急需，先期统一重点因子的标准限值。

因此，双洎河流域水污染物排放标准关系定位为：本版标准是国家现行水污染物排放标准的有益补充，与国家现行水污染物排放标准并行且从严执行。

但这样的定位会有一个问题，那就是要解决某一特定的环境问题可能需要同时实施多个标准，而标准的具体内容需要在全面、细致地阅读后才能了解，这给标准的使用带来了一定的不便。

（4）范围定位

向环境排放污染物是社会生产和日常生活中广泛存在的情形，各行各业的排放方式、规律和特点与生产工艺、生产方式有密切关系，而且往往存在很大差异，并非所有排污行为都适合用排放标准加以规范。受技术和经济等因素制约，一些隐蔽的、不稳定的、无规律的、偶发的和事故状态下的排污行为，尚无法用排放标准进行约束，而需要采用其他管理手段加以解决。排放标准适用于在现实条件下可量化、可测量、可核查的排污行为，这一特点决定了排放标准主要适用于第二产业和部分第三产业。

水污染物排放从排放源上讲，可分为工业源、生活源和农业源三类。工业源指工业企业排放的废水，生活源主要指城镇生活污水，农业源包括农村生活污水、养殖废水、农田径流等。对于城镇生活污水，我国现行标准主要为《城镇污水处理厂污染物排放标准》（GB 18918—2002）；对于养殖废水，我国现行标准《畜禽养殖业污染物排放标准》（GB 18596—2001）也有规定；对于工业废水，我国现行约有 47 项不同行业工业企业废水排放标准。但目前尚未针对农村生活污水和农田径流等制定排放标准，现行综合排放标准、地方流域排放标准等也均未将农业面源纳入控制范围。

2010 年登封、新密和新郑一产比重分别为 3%、3%和 4%，城镇化率（2010 年）分别为 43.8%%、45%和 45%，人均耕地 0.091 hm^2，粮食产量 4 180 kg/hm^2，化肥施用量（折纯）310～468 kg/hm^2，一产比重低于全省，城镇化率高于全省，化肥施用量低于全省平均水平。根据当地发展规划，“十二五”期间，一产比重将进一步下降，城镇化率将继续提高。登封、新密和新郑都不属于粮食生产核心区，粮食增产压力不大。双洎河现状水质已经包含了农业面源的影响，预计未来农业面源的影响也不会有大的增加。

从 2010 年污染源普查更新数据来看，双洎河流域新密市和新郑市工业废水 COD、NH_3-N 排放量分别占该段总排放量的 24%、10%；生活污水 COD、NH_3-N 排放量分别占该段总排放量的 30%、53%；农业源 COD、NH_3-N 排放量分别占该段总排放量的 46%、37%。双洎河多年丰、平、枯水期水质 COD、氨氮浓度变化规律不明显，初步判断农业源对河流水质的影响不大，也说明农业源排放量不等同于入河量。

另外，我国农业面源，特别是农村生活污水、农田径流污染的研究、治理、监控等工作基础十分薄弱，制定农业面源标准缺乏基础数据，标准实施也缺乏执行手段。流域标准的制定，加严了工业废水和城镇生活污水排放标准，在某种程度上说，也是将不好控制的农业源污染的削减转嫁到易于控制的工业源和生活源污染的削减上。

因此，双洎河流域水污染物排放标准的适用范围为：控制工业废水和城镇生活污水的排放，不纳入农业面源的控制。

对于农业面源来说，养殖业水污染物排放比重远高于农村生活污水和农田径流。就 2010 年河南省污染源普查动态更新数据显示，全省农业源 COD、氨氮排放量分别占排放总量的 57.5%和 42.6%，其中养殖业 COD、氨氮排放量分别占农业源排放量的 100%和 93%。双洎河流域农业源 COD、氨氮排放量分别占排放总量的 46%、37%，其中养殖业 COD、氨氮排放量分别占农业源排放量的 100%和 90%。

对于养殖污染，我国现行标准为《畜禽养殖业污染物排放标准》(GB 18596—2001)，双洎河流域养殖污染控制仍将执行该标准，该标准已列入“十二五”国家环境标准制修订计划，且据调查了解双洎河流域养殖废水入河率很低。因此，双洎河流域水污染物排放标准适用于向双洎河流域排放污水的工业企业和城镇生活污水处理厂的水污染物的排放管理，不包括向双洎河流域排水的养殖企业排放管理。

河南省是全国农村环境连片综合整治试点省份之一，农村生活污水处理是其重要内容之一，下一步可结合已实施的综合整治项目，研究制定河南省农村生活污水排放标准。另外，建议积极推动入河口湿地工程建设，对处理达标的工业废水、城镇生活污水进行深度处理，并可控制农田径流等农业面源对河流水质的污染。

综上所述，双洎河流域水污染物排放标准的定位是：河南省流域排放标准的试点，以环境容量定排放的开端，用于控制流域内工业废水和城镇生活污水的排放，与国家现行水污染物排放标准并行且从严执行，解决流域水污染的阶段性重点问题，满足环境管理急需，服务于减排，立足在本版标准的实施期内（5 年左右）双洎河流域消灭劣Ⅴ类水。

3.4 标准主要技术内容

3.4.1 主要影响因素分析

双洎河流域水污染物排放标准制定过程中，采用判断法从流域水环境特点和流域社会经济发展对水环境的影响两方面入手，找出影响实现标准制定目的的主要因素（图 3-5）。

双洎河属淮河流域沙颍河水系贾鲁河支流，规划马鞍洞断面以上水体功能为Ⅴ类，马鞍洞断面至黄甫寨断面之间为Ⅳ类，但现状水环境超标，在标准制定中需要针对存在的环境问题提出相应对策，以逐步改善流域水质。“十二五”时期，国家对重点流域将实施21项因子考核，考核要求更加严格。因此，双洎河流域标准制定中应按照环境管理工作要求，严格控制流域各考核因子的排放。

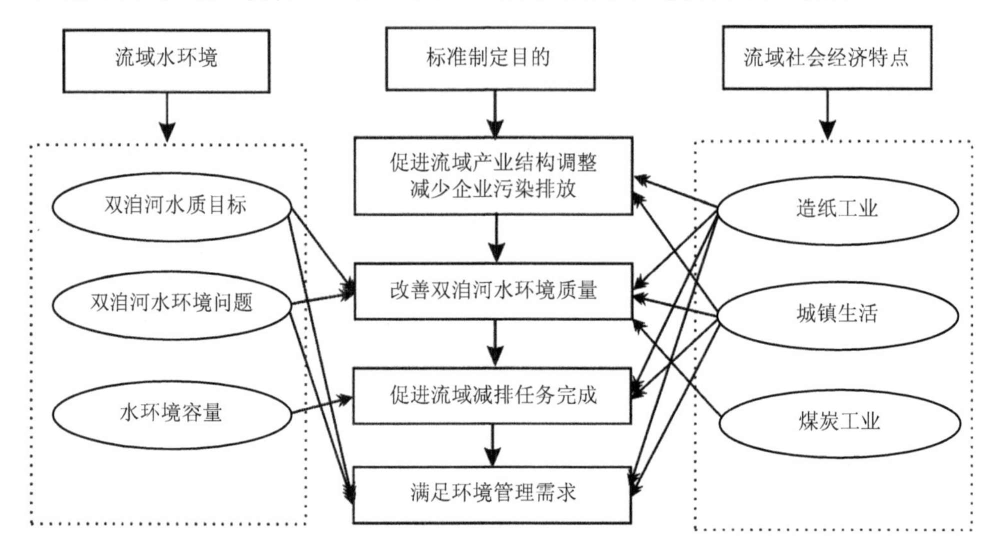

图3-5 达到标准制定目的的主要影响因素

双洎河流域主要工业废水排放来自造纸工业和煤炭工业。流域社会经济发展较好，城镇化率明显高于全省平均水平，生活污水排放量大。其中造纸工业废水及生活污水排放是现状双洎河流域水质超标的主要原因。考虑到“十二五”期间，流域造纸工业还将规划发展、城镇化率水平进一步提高，造纸工业废水及生活污水排放仍然将对流域产生较大的环境压力。该标准需要控制造纸工业废水、煤炭工业废水及生活污水，才能实现标准制定的目的，其中造纸工业废水及生活污水排放的控制是工作重点。

3.4.2 控制因子选择

（1）公共污水处理系统

国家现行《城镇污水处理厂污染物排放标准》（GB 18918—2002）控制城镇生活污水排放。该标准要求公共污水处理系统达到GB 18918—2002的一级A标准。

（2）其他排污单位

在对实现标准制定目的主要影响因素分析的基础上，该标准采用列表法进行污染控制因子的筛选。该标准污染控制因子筛选原则如下：

①可量化、可监测、可检查；

②总量控制因子；

③流域特征因子；

④毒害大的因子；

⑤“十二五”地表水监控因子。

该标准控制因子选择技术路线见图 3-6。

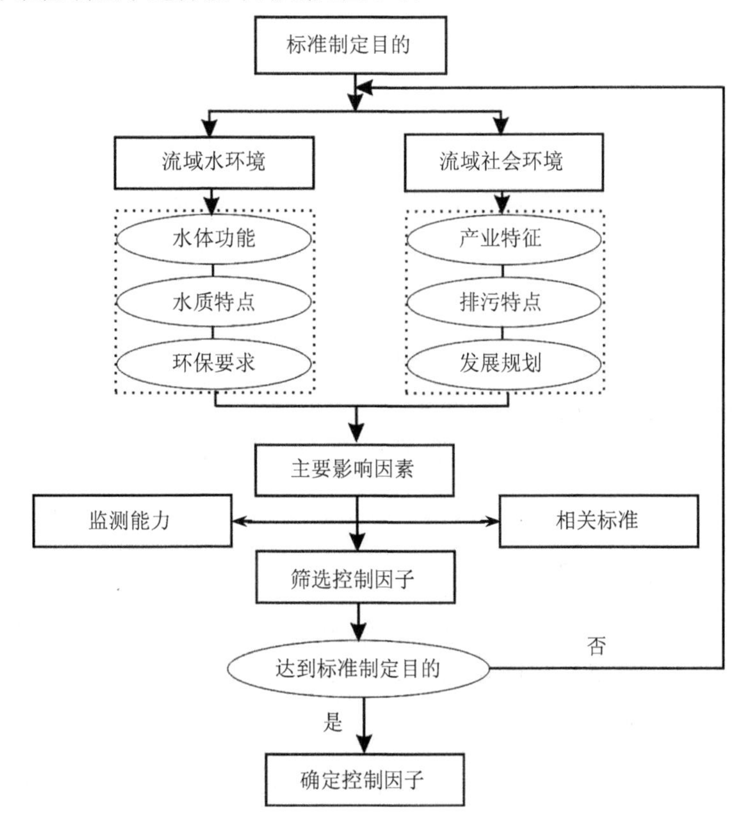

图 3-6 污染控制因子选择技术路线

（3）流域地表水超标因子

郑州市环境监测中心站 2009—2010 年对双洎河流域马鞍洞断面和黄甫寨断面的全因子监测数据显示：近两年马鞍洞断面超Ⅴ类标准的因子、黄甫寨断面超Ⅳ类标准的因子主要为氨氮、总氮、COD、总磷。

（4）地表水监控因子

“十二五”时期，国家对重点流域实施了更加严格的考核标准。《地表水环境质量评价办法（试行）》中规定：地表水水质评价指标为《地表水环境质量标准》（GB 3838—2002）表 1 中除水温、总氮、粪大肠菌群以外的 21 项指标。对于重金属污染提出了更加严格的要求，断面有一次重金属超标，则将该断面记为全年考核不合格。

（5）流域重点行业污染物

双洎河流域工业废水主要来源于造纸企业和煤炭企业。编制组调查了解了两行业现行标准《制浆造纸工业水污染物排放标准》（GB 3544—2008）和《煤炭工业污染物排放标准》（GB 20426—2006）中的污染控制因子。制浆造纸工业污染控制因子包括 pH、色度、SS、BOD_5、COD、NH_3-N、总氮、总磷、可吸附有机卤素、二噁英等 10 项；煤炭工业污染控制因子包括总汞、总镉、总铬、六价铬、总铅、总砷、总锌、氟化物、总α放射性、总β放射性、pH、SS、COD、石油类、总铁、总锰 16 项。可见，流域重点行业污染因子中既有 COD、NH_3-N 等第二类污染物，也有总汞、总镉、总铬等第一类污染物。

（6）地表水环境容量

流域水环境容量有限，“十二五”期间，国家对环境保护和污染减排的要求更加严格，主要污染物总量控制因子增加为 4 项，其中水污染物总量控制因子确定为 COD 和 NH_3-N 两项。

另外，编制组针对河南省各类水污染物的监测能力，详细咨询了河南省环境监测中心、郑州市环境监测中心站等相关单位，了解到除总 α 放射性、总 β 放射性、可吸附有机卤素及二噁英外，其他 27 项因子郑州市环境监测中心站都具备监测能力。据了解，全国范围内具有二噁英监测能力的单位极少，河南省各监测站均无二噁英监测能力（表 3-2）。

表 3-2 污染物项目调查汇总、筛选表

序号	地表水超标因子	流域主要行业排放污染物	地表水监控因子	总量控制因子	可监测性	是否选取
1	COD	COD	COD	COD	强	是
2	BOD_5	BOD_5	BOD_5	—	强	是
3	NH_3-N	NH_3-N	NH_3-N	NH_3-N	强	是
4	总氮	总氮	—	—	强	是
5	—	总磷	总磷	—	强	是
6	—	pH	pH	—	强	是
7	—	石油类	石油类	—	强	是
8	—	总汞	汞	—	强	是
9	—	总镉	镉	—	强	是
10	—	总铬	—	—	强	是
11	—	六价铬	六价铬	—	强	是
12	—	总铅	铅	—	强	是
13	—	总砷	砷	—	强	是
14	—	总锌	锌	—	强	是
15	氟化物	氟化物	氟化物	—	强	是
16	—	总铁	—	—	强	否
17	—	总锰	—	—	强	否
18	—	总α放射性	—	—	弱	否
19	—	总β放射性	—	—	弱	否
20	—	色度	—	—	强	是
21	—	SS	—	—	强	是
22	—	可吸附有机卤素	—	—	弱	否
23	—	二噁英	—	—	弱	否
24	—	—	氰化物	—	强	是
25	—	—	阴离子表面活性剂	—	强	是
26	—	—	硫化物	—	强	是
27	—	—	溶解氧	—	强	否
28	—	—	铜	—	强	是
29	—	—	硒	—	强	是
30	—	—	高锰酸盐指数	—	强	否
31	挥发酚	—	挥发酚	—	强	是

同时，编制组还对国内相关标准制定情况进行了调查，为双洎河流域标准制定提供参考和借鉴。《污水综合排放标准》（GB 8978—1996）中控制因子为 69 项，其中第一类污染物 13 项、第二类污染物 56 项。除两个控制特征污染物的地方流域标准外，其他 9 个外省流域水污染物排放标准中，山东省 4 个流域标准控制因子为 69～70 项，与 GB 8978—1996 基本相同，仅在《山东省半岛流域水污染物综合排放标准》中增加了一项三氯乙醛；其他 5 个省份控制因子仅包括了部分特征因子，其中福建省为“COD、石油类、总氰化物、总砷、总汞、总铅、总镉、六价铬”8 项，江西省为“COD、NH_3-N、铅、镉、六价铬、挥发酚、石油类、氰化物”，陕西省为“COD、BOD_5、NH_3-N、挥发酚和石油类”。可见，多数省份的流域标准都是针对流域特征因子的控制，而且多数流域标准中都考虑了对铅、镉、六价铬等第一类污染物的控制。

参考国内同类标准，该标准拟控制流域主要行业排放因子、地表水超标因子和总量控制因子；将除“溶解氧、高锰酸盐指数”外的地表水监控因子列为控制因子；除“总α放射性、总β放射性、可吸附有机卤素、二噁英”4 项目前尚不易开展监测的因子及对流域环境风险影响相对较小的“总铁、总锰”因子外，其他流域主要排污行业特征污染物列为控制因子。

该标准确定 23 项控制因子，其中第一类污染物 6 项、第二类污染物 17 项，详见表 3-3。

表 3-3 双洎河流域水污染物排放标准筛选确定控制因子一览表

分类	控制因子
第一类污染物	总汞、总镉、总铬、六价铬、总铅、总砷
第二类污染物	pH、SS、色度、COD、BOD_5、NH_3-N、总氮、总磷、石油类、氟化物、氰化物、硫化物、挥发酚、阴离子表面活性剂、铜、硒、锌

3.4.3 标准限值的确定

污染物排放标准限值确定的技术路线见图 3-7。

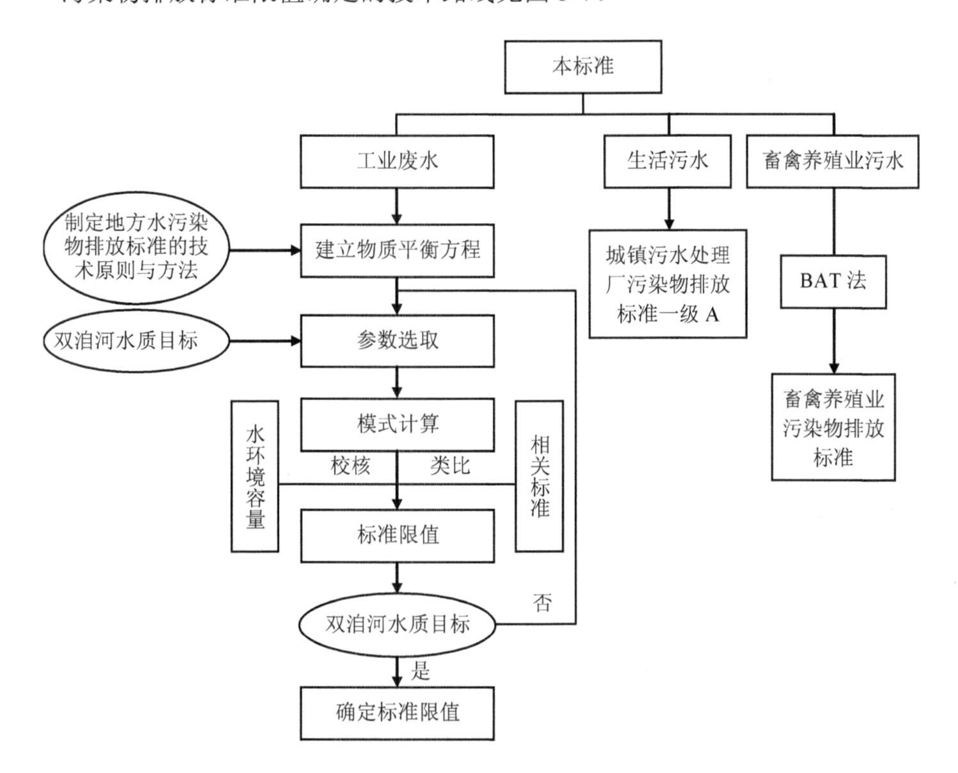

图 3-7 标准限值确定技术路线

（1）重点污染因子

该标准本着“满足地表水考核要求、流域特征因子从严”的原则，依据《制定地方水污染物排放标准的技术原则与方法》（GB 3839—83），采用均质稀释倍数法、类比法确定标准限值，并利用双洎河水环境容量研究成果，校核化学需氧量、氨氮标准限值。

1）化学需氧量、氨氮

双洎河流域各行业废水相互之间具有一定稀释能力。该标准采用均质稀释倍数法，利用 2006—2010 年郑州市环境统计年报及双洎河黄甫寨断面水质监测数据，估算均质稀释倍数为 1.6～5.8，平均为 3.2。考虑到流域特征污染物排放量大、排放企业多，排放限值的确定按照不利情况考虑，选取均质稀释倍数 p=1.6。按照《制定地方水污染物排放标准的技术原则与方法》（GB 3839—83），对双洎河黄甫寨断面以上河段建立污染物沿水流方向的平衡方程式，按照水质目标要求，计算得到 $C_{标}$为化学需氧量 48 mg/L、氨氮 4.8 mg/L。

利用双洎河水环境容量研究成果反推化学需氧量最大允许排放浓度为 22.1 mg/L，氨氮最大允许排放浓度为 1.38 mg/L。

外省排放标准限值范围化学需氧量 50～135 mg/L、氨氮 5～20 mg/L，流域执行主要水污染物排放标准化学需氧量 50～150 mg/L、氨氮 5～25 mg/L。

流域主要排污行业造纸工业废水目前处理方式为企业物化+生化处理→区域集中深度处理，造纸群工业污水处理厂处理后化学需氧量浓度为 32～44 mg/L。国内多家废纸企业运行实例说明采取清洁生产、物化生化+深度处理工艺，出水可控制在化学需氧量 50 mg/L 以下。从 2010 年新密市对造纸企业的监督性监测数据情况来看，氨氮浓度平均值为 1.16 mg/L。

在污水生化处理过程中，温度对微生物的影响是不容忽视的。北方地区冬季气温低，微生物的活性变差，污染物去除效率也会随之降低，氨氮排放限值的确定还是应按水温分别给出。考虑到标准方便使用，该标准按照月份分别给出氨氮排放限值。

综上所述，双洎河流域标准确定化学需氧量、氨氮排放限值分别为 50 mg/L、5（8）mg/L[①]。

2）总氮、总磷、五日生化需氧量

按照《制定地方水污染物排放标准的技术原则与方法》（GB 3839—83），对双洎河黄甫寨断面以上河段建立污染物沿水流方向的平衡方程式，按照地表水环境质量标准要求，选取均质稀释倍数 p=1.6。计算得到 $C_{标}$为五日生化需氧量

① 括号外数据为 4—10 月氨氮排放限值，括号内数值为 1—3 月、11—12 月氨氮排放限值。

9.6 mg/L、总氮 2.4 mg/L、总磷 0.48 mg/L。

各地方污水综合排放标准五日生化需氧量限值范围为 10～30 mg/L，各地方流域水污染物综合排放标准五日生化需氧量限值范围为 20～30 mg/L、流域执行主要水污染物排放标准五日生化需氧量限值范围为 10～30 mg/L。仅北京、上海、天津等地方水污染物排放标准制定总磷排放标准，制浆造纸工业水污染物排放标准及城镇污水处理厂排放标准中有总磷限制规定，总磷限值范围为 0.5～1.0 mg/L。相关标准中，只有陕西省黄河流域水污染物排放标准、制浆造纸工业水污染物排放标准及城镇污水处理厂排放标准中规定了总氮排放限值。这些标准中总氮限值范围为 12～15 mg/L。

从 2010 年新密市对造纸企业的监督性监测数据情况来看，总氮、总磷均值分别为 8.3 mg/L、0.46 mg/L。

综上所述，标准确定总氮、总磷、五日生化需氧量排放限值分别为 15 mg/L、0.5 mg/L、10 mg/L。

3）悬浮物、色度

对于《地表水环境质量标准》（GB 3838—2002）中没有规定的悬浮物和色度，该标准类比国内相关标准、结合流域主要行业——造纸、煤炭排水监测数据情况确定。

对于悬浮物，污水综合排放标准一级为 70 mg/L、二级为 150 mg/L；外省流域标准或综合排放标准为 10～150 mg/L；现行煤炭行业中新建采煤生产线排放限值为 50 mg/L；现行造纸行业中对制浆造纸企业的新建企业排放限值为 30 mg/L；流域特征排污行业煤炭行业悬浮物监测范围为 28～45 mg/L，平均为 33 mg/L；流域特征排污行业造纸行业悬浮物监测值范围为 8～54 mg/L，平均为 31 mg/L，综合以上情况该标准确定悬浮物排放限值为 30 mg/L。

对于色度，污水综合排放标准一级为 50 倍、二级为 80 倍；外省流域标准或综合排放标准中除广东为 80 倍、辽宁为 30 倍外，其他均为 50 倍；现行造纸行业中对制浆造纸企业的新建企业排放限值、水污染物特别排放限值均为 50 倍；流域特征排污行业造纸行业色度监测值范围为3～125倍，平均为43.44倍，综合以上情况标准确定色度排放限值为50倍。

（2）其他污染因子

依据《制定地方水污染物排放标准的技术原则与方法》（GB 3839—83），根据双洎河Ⅳ类水质要求，考虑其他第二类污染物流域排放量小、排放企业少，各类污水之间相互具有一定稀释能力，排放限值的确定按照平均情况考虑，选取均质稀释倍数p=3.2，反推计算标准限值，并类比国内相关标准适当修正，确定排放限值：石油类5 mg/L、氰化物0.5 mg/L、氟化物10 mg/L、挥发酚0.5 mg/L、硫化物1.0 mg/L、阴离子表面活性剂5 mg/L、总铜0.5 mg/L、总锌2.0 mg/L、总硒0.1 mg/L。

对于总汞、总镉、总铬、六价铬、总砷、总铅，流域地表水现状浓度远低于Ⅳ类水质标准，流域特征行业废水中基本未检出，其排放限值沿用《污水综合排放标准》（GB 8978—1996）。

（3）公共污水处理设施

现状流域生活污水处理执行《城镇污水处理厂污染物排放标准》（GB 18918—2002）二级标准，处理标准低，急需提标；区域污水处理厂尚无相应排放标准，该标准确定公共污水处理设施（含城镇生活污水处理厂和区域污水处理厂）达到《城镇污水处理厂污染物排放标准》（GB 18918—2002）一级标准的A标准。

3.4.4 标准可行性分析及环境效益

（1）行业技术经济可达性

造纸工业废水及生活污水排放量大是造成双洎河水质超标的主要原因，因此主要从造纸行业废水处理和公共污水处理两个方面，分析标准实施技术经济可达性。

1）造纸工业废水

新密市造纸企业全部为废纸制浆造纸和外购商品浆造纸，其中多数为废纸制浆造纸，现从清洁生产和末端治理两方面分析其废水达标的技术经济可行性。

对于造纸行业来讲，废纸造纸清洁生产技术主要有采用高浓碎浆、全封闭压力筛选系统，浮选法脱墨，全无氯漂白，采用斜筛、气浮、多盘浓缩机等方法回收部分流失纤维、采用先进纸机白水回收系统，纸机白水全部回用，采用宽门幅高速度、高效率、低能耗、安全环保、计算机自动控制的造纸技术与设备等。

国内废纸造纸企业废水一般采用两级处理。第一级以物理法为主，辅以化学法，第二级通常采用生物化学法，第三级处理较少采用。通常采用二级处理即可达到化学需氧量＜100 mg/L、五日生化需氧量＜15 mg/L、悬浮物＜75 mg/L。物化+生化的常规二级处理流程，通常只能达到国家现行标准，要达到该标准限值的要求，废纸造纸企业需要在常规处理流程的基础上增加深度处理。

造纸群工业污水处理厂采用絮凝沉淀+砂滤的物化处理工艺，集中处理新密规模造纸企业废水，设计日处理废水 15 万 t，已建成投运，现已有约 20 家造纸厂污水经厂内处理后进入该造纸群污水处理厂深度处理，日处理量 3 万～5 万 t，处理能力远大于实际进水量。工程设计进水水质化学需氧量浓度为 100 mg/L 以下，处理后化学需氧量浓度达到 40 mg/L 以下。从监测情况看，进水水质化学需氧量浓度为 96～99 mg/L，处理后化学需氧量浓度为 32～44 mg/L；现场调研时，企业在线监测结果显示：其外排废水化学需氧量 34 mg/L、氨氮 1 mg/L，可以达到该标准要求。据了解，造纸群工业污水处理厂处理成本约 0.8 元/t 污水。

甲造纸企业采用“磁处理+梯度反应混凝+固定化微生物”组合工艺，进水化学需氧量 250～300 mg/L，出水化学需氧量 40～50 mg/L，色度低于 7 倍，悬浮物浓度≤10 mg/L，总处理费用（包括药剂费、电费、设备折旧、人员工资等在内的所有费用）为每吨 1.2～1.5 元，处理出水回用于全厂制浆造纸过程。

乙造纸企业的造纸废水采用生化处理—中速过滤器—常规净化处理—活性炭深度处理—氯气杀菌消毒进行处理，废水的化学需氧量可从 500 mg/L 降到 23.5 mg/L，色度由 300 倍降至 10.2 倍。

可见，废纸造纸企业在采取清洁生产技术和物化生化+深度处理的末端废水处理技术后化学需氧量排放浓度稳定达到 50 mg/L 是可行的。

2）公共污水处理

国家环境保护总局2006年第21号公告提出，城镇污水处理厂出水排入国家和省确定的重点流域及湖泊、水库等封闭、半封闭水域时，执行《城镇污水处理厂污染物排放标准》（GB 18918—2002）一级A标准。双洎河属淮河流域，而淮河流域为国家重点流域。《河南省环境保护厅关于进一步做好污水处理厂污染减排工作的通知》（豫环文〔2011〕229号）也对此做了相关要求："'十二五'期间，……进一步提高现有污水处理设施脱氮除磷能力，国家重点流域城市的污水处理厂达到一级A标准，其他城镇污水处理厂达到一级B排放标准以上"。郑州市目前已对市域内的城镇污水处理厂提出达到《城镇污水处理厂污染物排放标准》（GB 18918—2002）一级A标准的要求。

为了达到排放标准限值的要求，对于新建的污水处理厂来讲必须在二级处理（脱氮除磷）的基础上增加深度处理，一次建成达到一级A标准，投资约为3 000元/t污水，运行费用达到约1元/t污水。郑州市近期拟建城市污水处理厂均要求达到《城镇污水处理厂污染物排放标准》（GB 18918—2002）一级标准的A标准。

对于已建的二级处理的城镇市政污水处理厂要求升级改造，在解决脱氮除磷基础上，也应增加深度处理，升级改造达到一级A标准。与国家二级排放标准的设计建设相比，一级A标准要增加建设投入30%～50%，运行成本将增大30%～50%。双洎河流域现有三座城镇污水处理厂升级改造工作已陆续开始。

3）其他行业废水

除造纸废水、城镇生活污水外，双洎河流域内还有煤炭、轻工、化工、火电、建材等行业排水，主要分布在郑州境内。

煤炭、火电、建材等行业排放废水中主要为生活污水、矿井水，这类废水处理技术成熟，强化治理和管理，完全可以达到该标准要求。

轻工、化工等行业排水水质复杂、污染物浓度高、处理难度大，达到该标准存在较大困难。就现状来看，轻工、化工等行业基本都分布在新郑境内，新郑市正在建设污水管网，拟收集市区周边乡镇生活、工业污水进入市区污水处理厂集中处理，其他乡镇也拟建乡镇污水处理厂。就未来发展来看，需引导企业入园入区建设，污水集中处理。因此，企业只需预处理后达到《污水排入城镇下水道水质标准》（CJ 343—2010），并满足公共污水处理系统进水水质要求。

（2）对流域社会经济发展的影响

从短期来看，该标准实施会对当地经济产生一定影响，但不会造成大的冲击。该标准实施后，新密市、新郑市需分别增加环保投资 15 630 万元、12 355 万元，分别占两市 GDP（2010 年）的 0.40%、0.34%，占比均不高；新密市部分造纸企业可能会被淘汰，其工业增加值大致占全市的 2%左右，占比不大，不会对区域经济造成大的冲击。

从长期来看，该标准实施对当地发展具有重要的积极作用，主要体现在以下几个方面：

1）减少不必要环保投入

落后产能淘汰将每年节省污水治理费用 1 691.4 万元，减少了不必要的环保投入。

2）促进当地产业结构升级

双洎河流域造纸企业数量多、生产规模小、排污量大、产业层次低。该标准实施后，预计将有 92.2 万 t 落后造纸产能被淘汰，大致占现有新密造纸产能的 30%，可有效促进当地造纸产业结构升级。

3）显著降低当地 GDP 排放强度

初步估算该标准实施后，新密市、新郑市单位 GDP 化学需氧量排放量分别为 3.19 kg/万元、3.76 kg/万元，分别降低 29%、3.8%，单位 GDP 氨氮排放量分别为 0.27 kg/万元、0.35 kg/万元，分别降低 6.7%、9.5%。

4）促进当地产业集聚发展

该标准水污染物排放限值的收紧，意味着单个企业达标成本将随之提高，借助经济杠杆作用引导企业向产业集聚区集中布局，符合河南省委、省政府产业集聚发展的宏观战略要求。

5）用有限的环境容量支撑更大的经济总量

该标准实施后被淘汰的企业基本上都是造纸企业，初步估算淘汰落后造纸产能将减少化学需氧量排放量 2 182 t/a，从万元 GDP 排污量来看，可支持新增近 60 亿元的 GDP 经济总量。

（3）环境效益

1）污染减排

该标准颁布实施后，考虑“十二五”时期社会发展，初步估算，在工业、生活污水处理达到现行标准的基础上，将减少化学需氧量排放量 10 703 t/a、削减率 22%，减少氨氮排放量 1 445 t/a、削减率 32%。该标准的实施将较大幅度削减化学需氧量、氨氮存量，有效控制新增量，实现污染物排放总量的大幅削减，将为实现“十二五”时期污染减排任务发挥重要作用。

2）水质改善

该标准颁布实施后，考虑流域“十二五”时期经济社会发展及新密市双洎河人工湿地深度处理工程建设并有 50%中水回用情况下，黄甫寨断面水质预测显示，化学需氧量 25.7 mg/L、氨氮 1.89 mg/L，满足“十二五”时期水质责任目标要求。

现状双洎河总汞、总镉、六价铬、总铅、总砷、pH、石油类、氟化物、氰化物、硫化物、挥发酚、阴离子表面活性剂、铜、硒、锌等 15 项因子已达到Ⅳ类水质。

双洎河流域五日生化需氧量、总磷的排放主要来自生活污水。2010 年，黄甫寨断面五日生化需氧量、总磷最大超标倍数为 0.67 倍、0.5 倍。随着标准的大幅度加严到现行标准的 1/3，预计黄甫寨断面五日生化需氧量、总磷可以达到Ⅴ类水质。

总体来看，双洎河流域水污染物标准颁布实施后，可实现双洎河消灭劣Ⅴ类水。

4 贾鲁河流域水污染物排放标准

4.1 标准工作简介

4.1.1 工作背景

贾鲁河属于淮河流域沙颍河水系颍河支流，是淮河的二级支流。贾鲁河流域涉及郑州市的新密市、登封市、荥阳市、新郑市、郑州市区、中牟县，许昌的长葛市、鄢陵县，开封市的开封县、尉氏县，周口市的扶沟县、西华县、周口市区，于周口市川汇区汇入颍河。贾鲁河全长 255 km，流域面积 5 896 km^2，流域面积占沙颍河的 1/7，而污染负荷约占沙颍河的 1/3，故有“欲治淮河必治沙颍河，欲治沙颍河必治贾鲁河”的共识。

郑州市位于贾鲁河上游，占流域总面积的 76%，中原经济区、郑州航空港综合实验区等国家战略的实施，意味着郑州市将进入跨越式发展阶段，随之而来的是更大的水环境压力。2007 年，时任环境保护部部长周生贤在视察郑州市辖淮河流域污染治理时曾说：“治理贾鲁河是对郑州市环境执政能力的考验。贾鲁河治理好后，郑州市就解决了治淮的一块‘心病’，城市品位也将在现有基础上提升一个档次，才有希望进入环保模范城的行列。”2013 年 5 月 6—13 日，《大河报》连续报道了郑州市贾鲁河的污染情况，质疑“稀释法治污”等问题，在社会上引起了很大反响。贾鲁河水污染是公众关注的热点问题，是横亘在郑州市创模之路上的鸿沟，是制约郑州市社会经济健康发展的瓶颈性问题。

为改善贾鲁河流域水环境质量，2013 年 2 月，河南省环境保护厅决定开展《贾鲁河流域水污染物排放标准》的制定工作。

4.1.2 工作过程

本次标准制定工作历时一年多，大致可分为调研、开题报告和研究制定三个阶段。

（1）第一阶段：调研

2013 年 3 月，开展贾鲁河流域水污染物排放标准制定前期调研工作，完成的主要工作包括：与流域地市县环保部门进行座谈，发放调查表，开展流域自然特征、社会经济发展情况、水质变化趋势、国内流域标准制定情况初步调查及分析，提出贾鲁河流域水污染物排放标准制定的意见和建议，完成《贾鲁河流域水污染物排放标准制定调研报告》。

（2）第二阶段：开题报告编制阶段

2013 年 4—5 月，开展贾鲁河流域水污染物排放标准制定开题工作，完成的主要工作包括：流域郑州境城镇污水处理厂及典型企业调研、河流沿线调研；进一步开展流域自然特征、社会经济发展情况、水质变化趋势及污染成因、国内流域标准制定情况调查分析；剖析流域水质污染成因；拟定标准制定总体方案，确定拟开展主要工作；完成《贾鲁河流域水污染物排放标准制定开题报告》。

2013 年 6 月，河南省环境保护厅主持召开开题报告论证会。

（3）第三阶段：研究制订

2013 年 6—10 月，开展贾鲁河流域水污染物排放标准制定工作，完成的主要工作包括：贾鲁河流域开封境、周口境企业调研，河流沿线踏勘，赴郑州市污水净化公司进行座谈，统筹考虑社会经济发展与环境保护，深入研究并梯次预测城镇生活污水处理控制水平，编制完成《贾鲁河流域城镇污水处理厂水污染物排放控制水平研究》《郑州市贾鲁河流域水污染物排放控制需求研究》，开展流域畜禽养殖业专题研究，研究确定标准框架、控制因子、标准限值，研究标准实施的技术经济可行性及环境效益，编制《贾鲁河流域水污染物排放标准研究报告》，起草标准文本及编制说明（征求意见稿）。

2013 年 10 月，召开贾鲁河流域城镇污水处理厂水污染物排放控制水平研究专家咨询会。

2013 年 12 月，向社会各界公开征求意见。

2014 年 1 月，召开贾鲁河流域水污染物排放标准技术论证会。

2014 年 3 月，由河南省质监局、河南省环境保护厅共同主持召开标准审查会。

该标准由河南省人民政府 2014 年 6 月 18 日批准，自 2014 年 6 月 26 日起实施。

4.2　贾鲁河流域水污染成因

4.2.1　自然环境概况

贾鲁河属于淮河流域沙颍河水系颍河支流，是淮河的二级支流。贾鲁河流域涉及郑州市的新密市、登封市、荥阳市、新郑市、市区（金水区、二七区、管城回族区、中原区、惠济区）、中牟县，许昌的长葛市、鄢陵县，开封市的开封县、尉氏县，周口市的扶沟县、西华县、周口市川汇区等 4 个地市 17 县（市、区）的部分区域，于周口市汇入颍河。贾鲁河全长 255 km，流域面积 5 896 km^2，多年平均径流量 2.99 亿 m^3。贾鲁河郑州境长 137 km，占贾鲁河全长的 54%，流域面积 4 508 km^2，占贾鲁河流域总面积的 76%（图 4-1、图 4-2）。

贾鲁河发源于新密市白寨镇的圣水峪和二七区的冰泉、暖泉、九娘庙泉，由南向北流经郑州市郊西南部后，被常庄、尖岗二水库截流，在西流湖下游先向北，然后折向东沿郑州市区北郊进入中牟境内，从中牟县城向东南方向经开封县边界进入尉氏县境内，后向南与双洎河汇合后流经扶沟县、西华县，至周口市区汇入颍河，最后注入淮河。贾鲁河基本无天然径流，主要接纳城市污水与农灌退水。

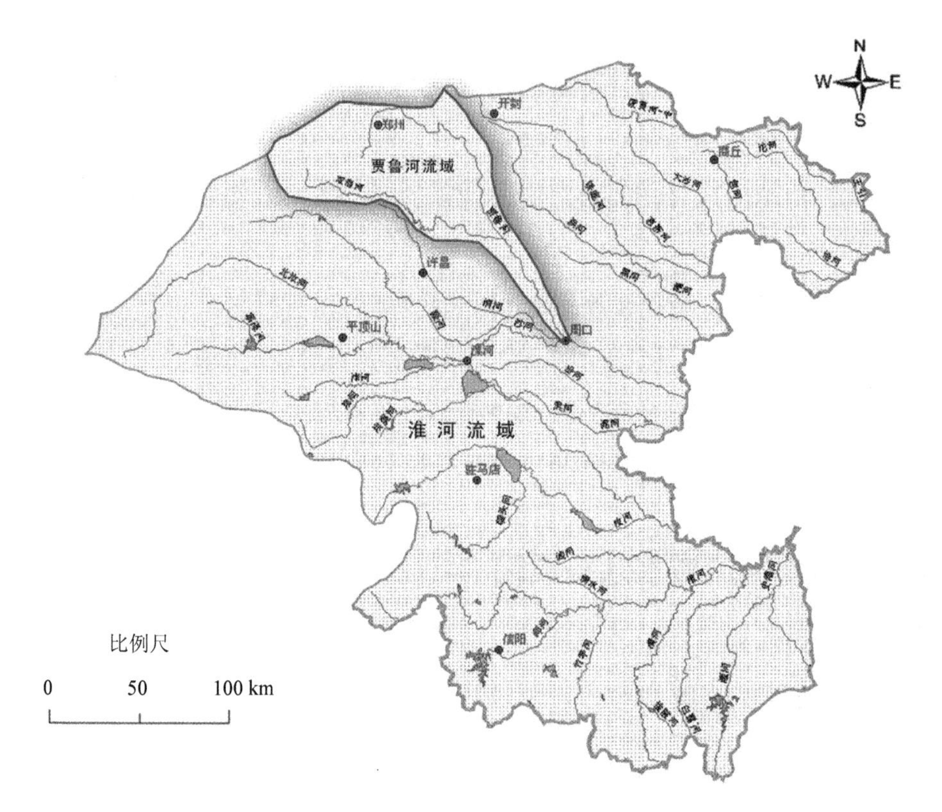

图 4-1　贾鲁河流域在淮河流域的位置

4.2.2　社会经济发展特征

贾鲁河流域经济社会发展水平差距大，郑州是河南省最发达的地区，而周口则处于全省末位；流域工业门类齐全，主要排水行业包括造纸、食品、化工、纺织等，但经济贡献较小，工业总产值仅占约 16.8%。

从城镇化率上看，2012 年贾鲁河流域城镇化率约为 63.7%，远高于全省 42.4% 的平均水平，其中郑州市 66.3%、开封市 39.7%、周口市仅为 33.4%（图 4-3）。

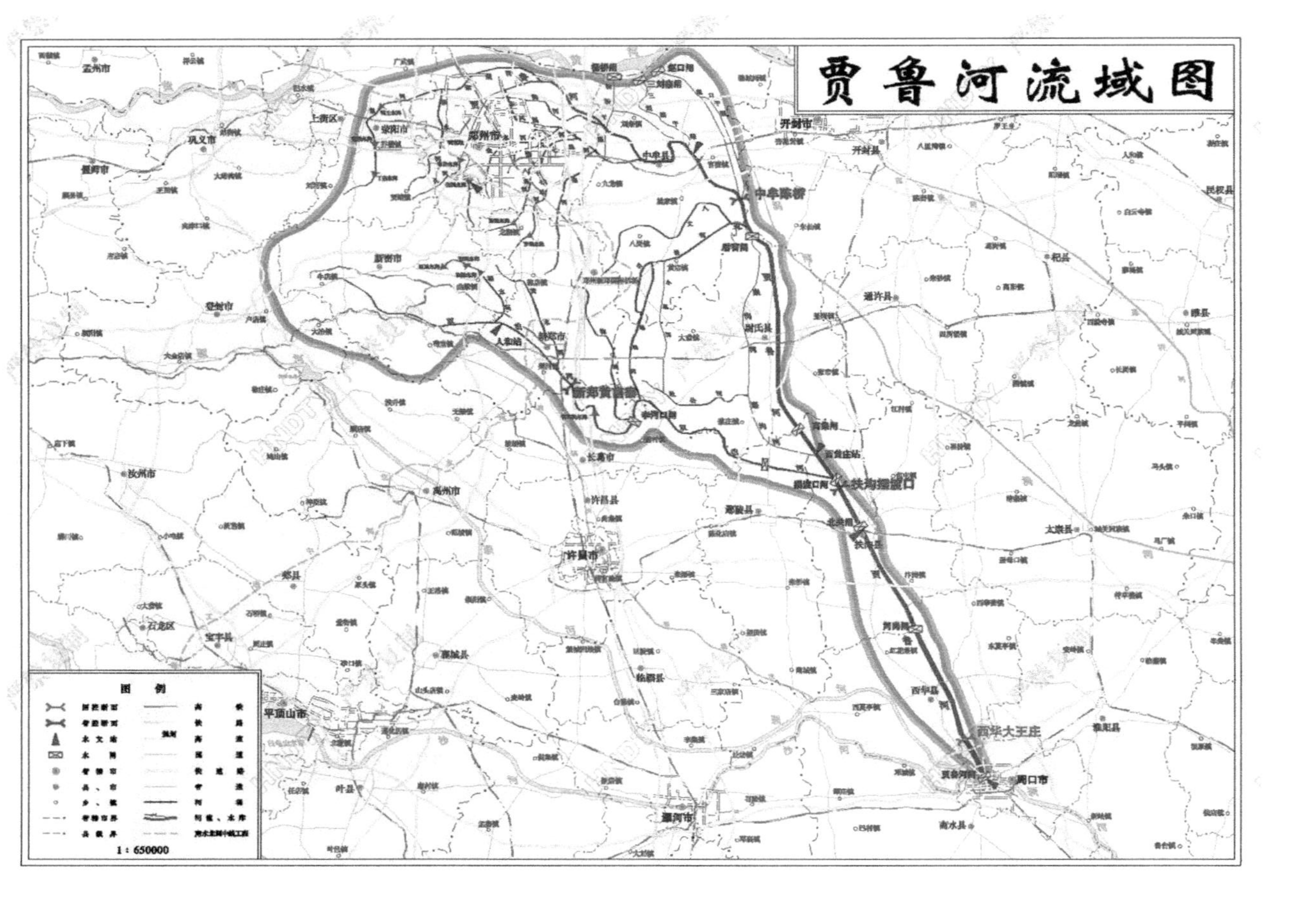

图 4-2 贾鲁河流域水系分布示意

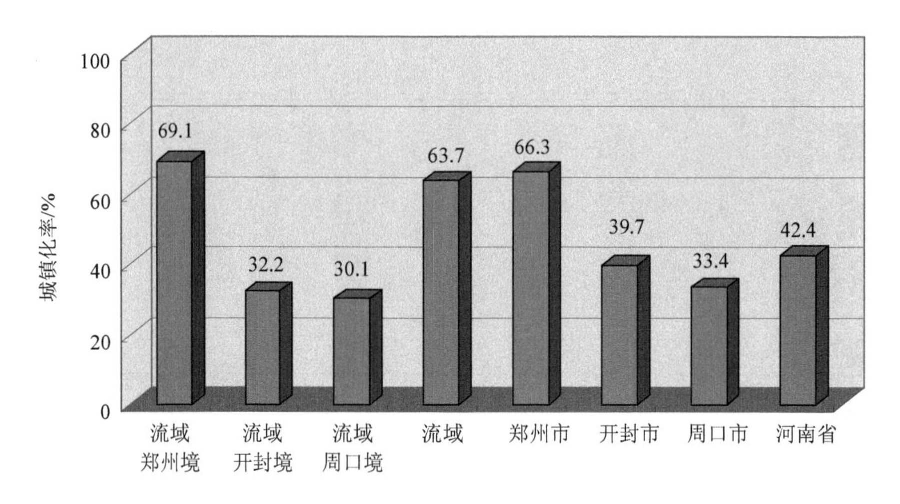

图 4-3 贾鲁河流域城镇化率

从人均 GDP 上看，贾鲁河流域人均 GDP 约 4.94 万元，远高于全省 3.15 万元的平均水平，其中郑州市 6.21 万元，位居全省第二，已进入工业化后期；开封市 2.59 万元，处于全省第 13 位，刚步入工业化中期；周口市 1.77 万元，处于全省末位，尚处于工业化初期（图 4-4、图 4-5）。

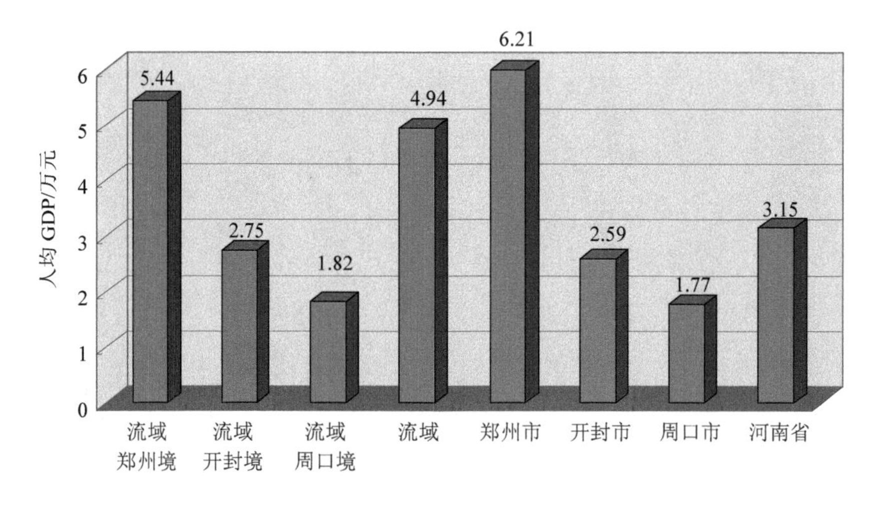

图 4-4 贾鲁河流域人均 GDP 情况

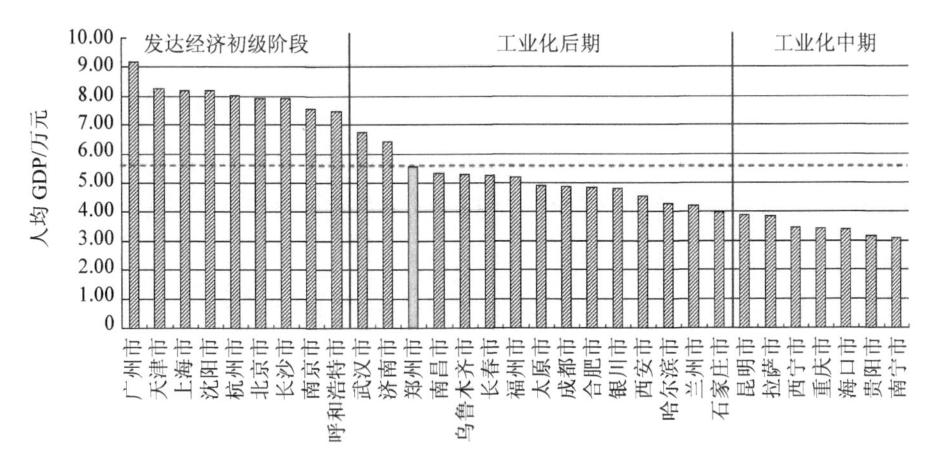

图 4-5　贾鲁河流域郑州境人均 GDP 情况

从生产总值分产业构成来看，贾鲁河流域三产比例约为 5∶51∶44，与全省三产比例（13∶56∶31）相比，第一、第二产业比重低，第三产业比重高。郑州市三产比例为 3∶57∶41，基本为二三产业，第三产业比重明显高于全省平均水平；开封市为 21∶44∶35、周口市为 26∶48∶26，第一产业比重明显高于全省平均水平。

贾鲁河流域工业门类齐全，以设备制造业、非金属矿物制品业、烟草业、煤炭业等为主，还包括造纸、食品、化工、纺织等，大致占流域重点企业工业总产值的 2.4%、10%、2.0%和 2.4%。

4.2.3　水污染物排放情况

贾鲁河流域水污染排放主要来自郑州市生活污水，郑州市以 76%的流域面积占有高于 80%的水污染物排放量，郑州市区氨氮排放 92.5%来自生活污水。流域水污染排放工业企业主要集中在郑州，四大主要排水行业污染贡献大、经济贡献小，结构性污染突出。

从排放总量上，2012 年贾鲁河流域化学需氧量排放量 96 086 t/a、氨氮排放量 12 552 t/a，其中郑州境化学需氧量、氨氮排放量分别占流域排放量的 83.5%、88.7%。

从排放类别上，2012 年贾鲁河流域工业源化学需氧量、氨氮排放量分别为 12 104 t/a、679 t/a，占流域排放总量的 12.6%、5.4%；生活源化学需氧量、氨氮排放量分别为 31 195 t/a、8 820 t/a，占流域排放总量的 32.5%、70.3%；农业源化学需氧量、氨氮排放量分别为 52 787 t/a、3 053 t/a，占流域排放总量的 54.9%、24.3%（图 4-6）。

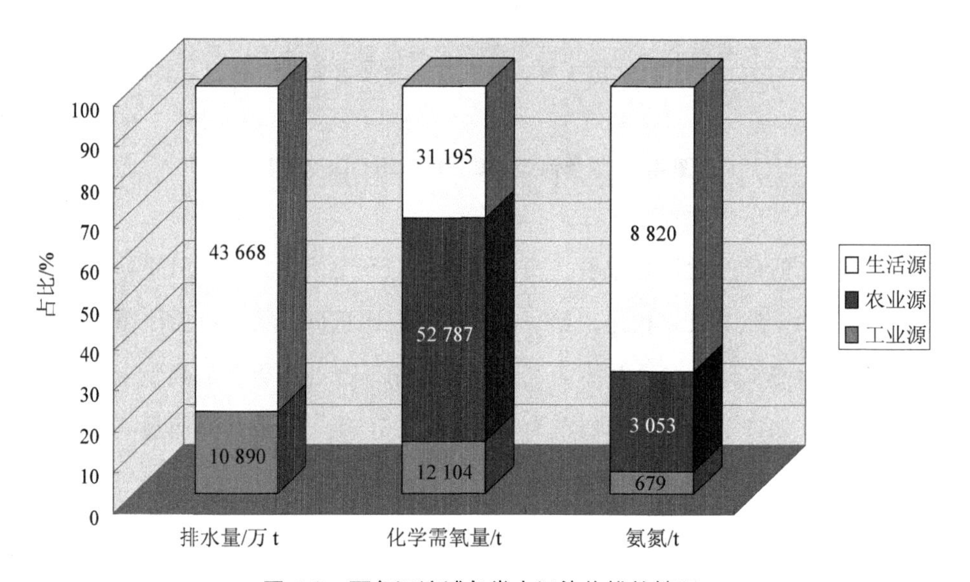

图 4-6 贾鲁河流域各类水污染物排放情况

从排放区域上，2012 年贾鲁河流域郑州境化学需氧量排放量 80 203 t、氨氮排放量 11 138 t，分别占流域排放量的 83.5%、88.7%；开封境化学需氧量排放量 10 163 t、氨氮排放量 721 t，分别占流域排放量的 10.6%、5.7%；周口境化学需氧量排放量 5 720 t、氨氮排放量 693 t，分别占流域排放量的 6.0%、5.5%。就郑州市区来看，2012 年，化学需氧量、氨氮排放量分别为 23 598 t/a、6 728 t/a，占流域郑州境排放总量的 29%、60%；工业源化学需氧量、氨氮排放量分别为 1 182 t/a、119 t/a，占市区排放总量的 5.0%、1.8%；生活源化学需氧量、氨氮排放量分别为 15 054 t/a、6 225 t/a，占市区排放总量的 63.8%、92.5%；农业源化学需氧量、氨氮排放量分别为 7 362 t/a、384 t/a，占市区排放总量的 31.2%、5.7%（图 4-7～图 4-9）。

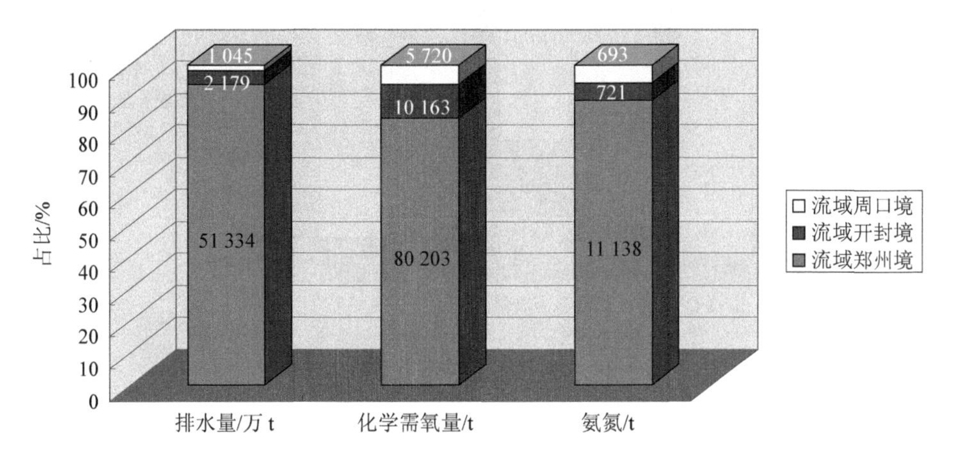

图 4-7 贾鲁河流域各地市排放情况

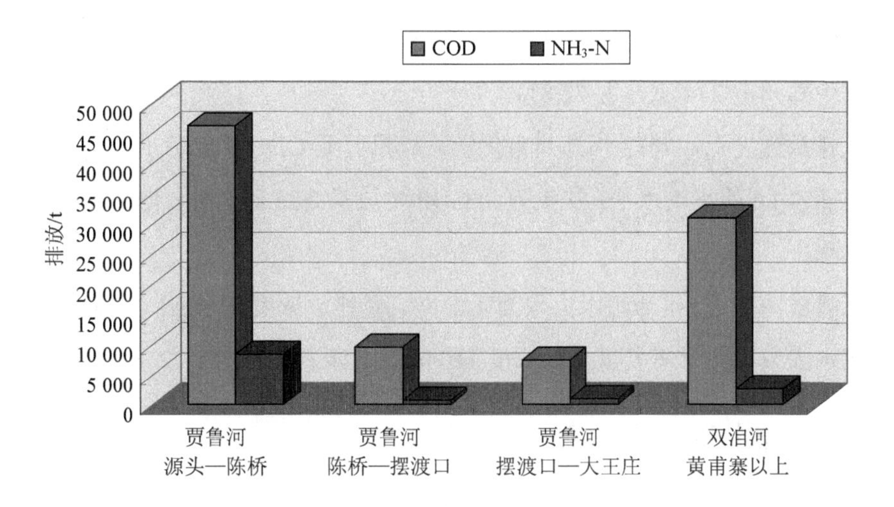

图 4-8 贾鲁河流域各河段排放情况

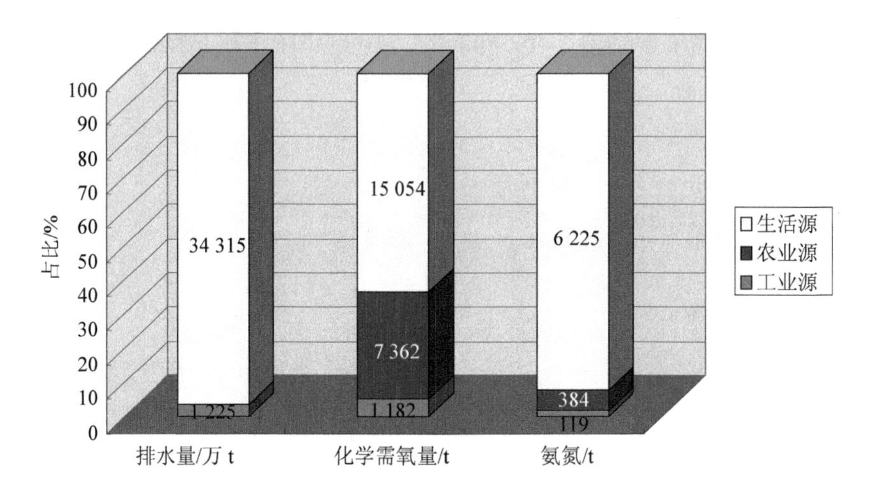

图 4-9 贾鲁河流域郑州市区排放情况

从排放行业上，流域主要排水行业有造纸、煤炭、食品、化工、设备制造业、纺织、皮革等。其中造纸、食品、化工、纺织行业污染排放量占比较高，占工业废水化学需氧量、氨氮排放量的 69.8%、65.5%。流域重点污染源中涉水企业 335 家，其中郑州市 244 家，占 72.8%。

从排放强度上，2012 年郑州市化学需氧量万元 GDP 排放量 1.77 kg，明显低于全省 4.71 kg 的平均水平；氨氮万元 GDP 排放量 0.23 kg，明显低于全省 0.51 kg 的平均水平。

从排放浓度上，生活污水大致为化学需氧量排放浓度 71 mg/L、氨氮 20 mg/L；工业废水大致为化学需氧量排放浓度 110 mg/L、氨氮 9 mg/L。

4.2.4 河流水环境质量评价

贾鲁河水质长期处于劣Ⅴ类，氨氮不能达到责任目标要求，郑州中牟陈桥断面水质最差，下游逐步改善，但近年来水质责任目标的实现过度依赖黄河调水。贾鲁河水环境功能为Ⅳ类。《河南省流域水污染防治规划（2011—2015 年）》确定：2015 年中牟陈桥断面、扶沟摆渡口断面水质责任目标为氨氮≤3.0 mg/L，其余指标达Ⅴ类；西华大王庄断面为氨氮≤2.0 mg/L，其余指标达Ⅳ类。

2012 年，贾鲁河中牟陈桥断面化学需氧量年均 43.6 mg/L、氨氮年均 4.17 mg/L；扶沟摆渡口断面化学需氧量年均 25.9 mg/L、氨氮年均 3.17 mg/L；西华大王庄断面化学需氧量年均 24.1 mg/L、氨氮年均 2.56 mg/L。贾鲁河水质劣Ⅴ类，氨氮不能达到责任目标要求，其中郑州中牟陈桥断面水质最差，下游水质逐步改善，说明贾鲁河出郑州境后沿途仍在不断降解、消纳郑州境的污染负荷。据了解，2012 年，中牟陈桥断面年均流量 25.7 m^3/s，黄河生态调水量约 17.5 m^3/s。若无黄河调水，中牟陈桥断面可能达到化学需氧量 78.2 mg/L、氨氮 9.57 mg/L（图 4-10、图 4-11）。

贾鲁河流域主要超标因子为氨氮。2012 年，中牟陈桥断面主要超标因子为氨氮、化学需氧量、总磷，超标率分别为 100%、83%、58%，年均值超标倍数分别为 1.9、0.05、0.19；西华大王庄断面主要污染物为氨氮，超标率为 50%，年均值超标倍数为 0.4；新郑黄甫寨断面主要污染物为氨氮、化学需氧量，超标率分别为 58%、42%，年均值超标倍数为 0.6、0.02。

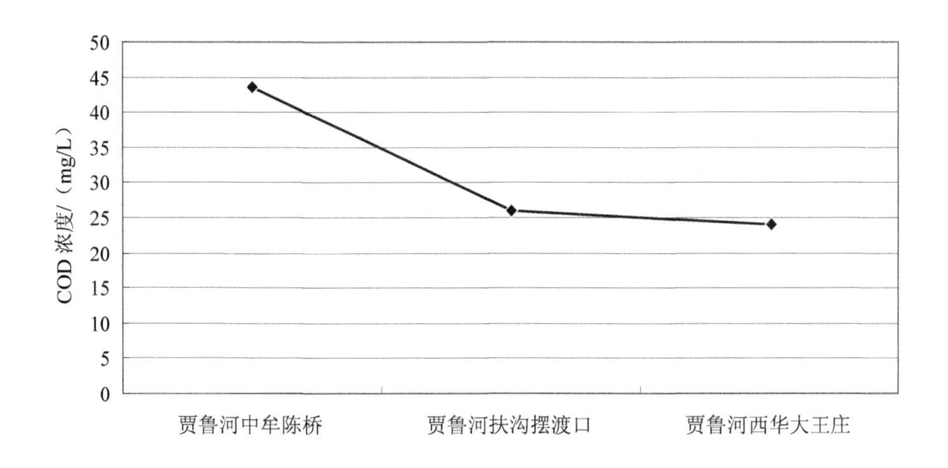

图 4-10 贾鲁河流域各断面 CDO 年均浓度

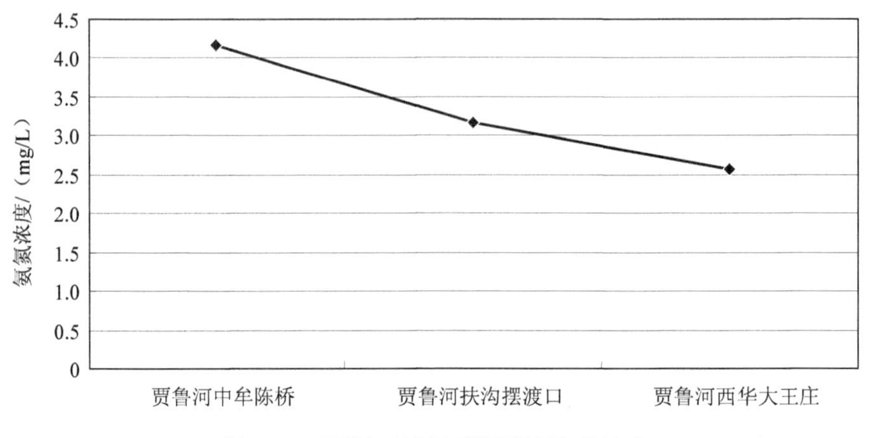

图 4-11 贾鲁河流域各断面氨氮年均浓度

4.2.5 水污染成因分析

贾鲁河天然径流匮乏，基本丧失自净能力，流域社会经济发展水平差异大，是河南省淮河流域最具典型性的代表河流。郑州市以 54%的河段占有 76%的流域面积和高于 80%的污染排放量。贾鲁河水质长期处于劣Ⅴ类，近年来水质责任目标的实现过度依赖黄河调水。郑州地区未处理的生活污水、处理后的生活污水是造成贾鲁河水质污染的主要因素。

4.3 标准制定总体方案

4.3.1 目的

制定严于国家标准的流域标准，充分发挥标准的导向性和约束性作用，减少贾鲁河流域水污染物排放，改善流域水环境质量，保护流域生态环境，促进流域社会经济健康可持续发展。

4.3.2 指导思想

坚持在发展中保护、在保护中发展，以污染减排、改善水质为目标，从严控制生活源、工业源水污染物排放，发挥标准引领作用以带动河南省城镇污水深度处理技术的研发、应用和推广，尝试重点地区城镇生活污水处理厂排放标准逐步与水环境质量标准接轨，扭转贾鲁河水质改善过度依赖黄河调水的局面，实施差别化控制以妥善处理流域上下游发展水平差距大的问题，努力缓解中原经济区、郑州航空港综合实验区等国家战略实施，流域社会经济快速发展所面临的水环境压力。

4.3.3 基本原则

（1）引导发展原则

发挥标准“指南针”作用，引导城镇污水处理厂采用先进管理方法、处理技术，推动城市生活污水更进一步治理，促进社会可持续发展。

（2）差别化控制原则

流域社会经济发展极不均衡，各地环境特点不同，标准限值的确定需要根据各地实际情况区别对待，区域有别、新老有别、因子有别。

（3）衔接协调原则

拟替代双洎河流域标准，与清潩河、惠济河流域标准有效衔接，并注重与国家有关标准的协调，包括国家正在修订《畜禽养殖业污染物排放标准》和《城镇污水处理厂水污染物排放标准》等。

（4）多方参与原则

标准制定中，采取多种方式，听取政府、行业、企业、专家、公众、环境管理部门等意见，兼顾各方利益，以保证标准的科学性、针对性、可操作性。

4.3.4 标准定位

河南省流域水污染物排放标准制定工作的持续推进，从严控制流域内城镇生活污水、工业废水的排放，解决贾鲁河流域水污染重点区域的重点问题，替代双洎河流域水污染物排放标准，与国家相关标准及河南省淮河流域其他流域标准衔接，服务于污染减排，立足于水质改善，力争贾鲁河消灭劣Ⅴ类水。

4.3.5 重点研究内容的技术思路及工作过程

在流域水污染成因分析的基础上，该标准制定中重点开展了“基于水质改善需求的城镇污水处理厂控制水平专题研究”。

（1）技术思路

城镇污水处理厂排放的现行标准为《城镇污水处理厂污染物排放标准》（GB 18918—2002），该标准于2003年7月1日实施，并于2006年发布修改单。国家现行标准包括19项基本控制项目、43项选择控制项目，其基本控制项目的常规污染物标准值分为一级标准、二级标准、三级标准限值，其中一级标准还分为A标准和B标准两类。现行标准规定，排入国家和省确定的重点流域及湖泊、水库等封闭、半封闭水域的城镇污水处理厂执行一级A标准；排入地表水Ⅲ类功能水域的城镇污水处理厂执行一级B标准；排入Ⅳ类、Ⅴ类水体的城镇污水处理厂执行二级标准。国家现行标准已实施10年有余，并已列入国家标准的修订计划。

《北京市城镇污水处理厂水污染物排放标准》（DB 11/890—2012）开创了排放标准与质量标准接轨的先河。北京执行如此严格排放标准的背景：一是北京已完成了工业化，进入了发达经济初期阶段，2011年北京市人均GDP达8.05万元；二是北京已确立了服务主导和消费主导型经济结构，2011年北京市三产结构为0.8∶23.1∶76.1；三是北京的环境污染问题不仅关乎自身形象，也严重影响着中国在国际社会上的形象，其环境改善的政治需求迫切。《北京市城镇污水处理厂水污染物排放标准》包括基本控制项目 19 项、选择控制项目 54 项。规定排入Ⅱ类、Ⅲ类水体的城镇污水处理厂执行 A 标准，排入Ⅳ类、Ⅴ类水体的执行 B 标准。其 A 标准与地表水Ⅲ类水质标准相当，B 标准与地表水Ⅳ类水质标准相当。

郑州之于河南，就如同北京之于全国。依据钱纳里工业化阶段理论，郑州市在 2005 年及以前处于工业化初期阶段，经历了 2006—2007 年两年的工业化中期发展阶段，从 2008 年进入工业化后期阶段。依据钱纳里工业化阶段理论，1996—1998 年北京市处于工业化初期阶段，1999—2005 年处于工业化中期阶段，2006—2010 年处于工业化后期阶段，2011 年进入发达经济初级阶段。选取 2001—2012 年郑州市人均 GDP 及贾鲁河中牟陈桥断面 COD 和氨氮监测数据进行拟合，结果显示：从环境库兹涅茨曲线来看，郑州市已通过倒 U 形曲线拐点，随着经济的发展，环境污染程度将呈现下降趋势，表明目前郑州市环境与经济的发展关系处于良性发展阶段。氨氮库兹涅茨曲线从 2008 年之后越过转折点，目前已处于倒 U 形的右侧；COD 库兹涅茨曲线形状从 2001 年之后已经越过转折点，均处于倒 U 形的右侧。

郑州的水环境改善压力与北京相当，但经济发展阶段、产业结构等明显有别于北京，标准制定应兼顾环境保护与社会经济发展：①借鉴北京经验，结合流域实际，尝试排放标准与质量标准接轨。②分区域差别化控制，拟适度收紧郑州市区污水处理厂排放标准，其他地区仍执行现行国标一级 A 标准。③分时段控制，新厂新标准、老厂分时段逐步收紧，过渡期拟预留得长一些，以发挥标准的引领、导向作用。④基于水质改善的需求，分情景研究不同控制水平下的技术经济可行性（图 4-12）。

该标准城镇污水处理厂标准限值确定原则为：①统筹社会经济发展与环境保护，提标与发展相协调；②重标准但不唯标准，基于水质改善需求但要客观看待标准作用；③实施差别化控制，区域有别、新老有别、因子有别；④技术经济可行，标准制定与国家污染治理技术发展水平相适应。

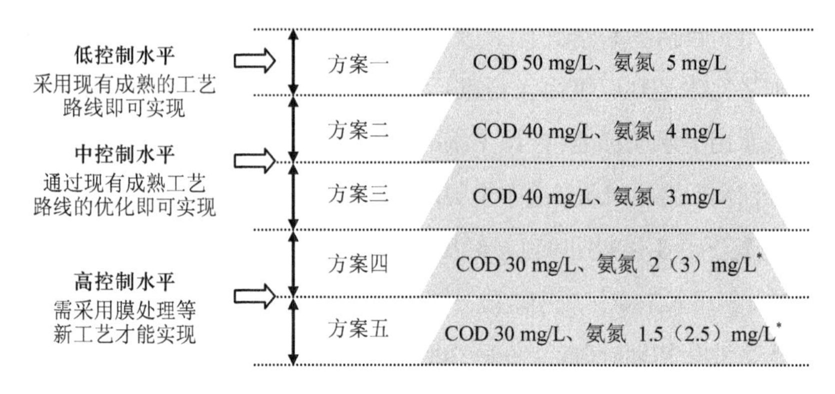

注：* 括号外数值为水温＞12℃时的控制指标，括号内数值为水温≤12℃时的控制指标。

图 4-12 基于水质改善需求的城镇污水处理厂控制水平情景

（2）城镇污水处理厂排放标准限值确定工作过程

经历了“大幅收紧→适度提标”的过程，最终确定为“重点地区的重点因子的适度提标”，达标路径基于现有成熟工艺的强化管理和优化运行。标准制定初期，借鉴北京经验，大幅收紧标准限值，排放标准限值与地表水质量标准中Ⅴ类标准限值相当，但过渡期设定较长（3～5 年）。标准制定中期，借鉴大气污染物综合排放标准的有关规定，参考目前国家地表水环境质量考核周均浓度等情况，引入标准取值时间概念，排放限值的控制采用周均浓度。标准制定后期，通过 3 个水平、5 种方案的梯度预测比选，从工艺路线、工程示例、经济投入、水质改善等因素综合论证的基础上，确定了郑州市区污水处理厂排放标准限值，即 COD 40 mg/L、氨氮 3 mg/L。

4.4 城镇污水处理厂排放标准确定研究

4.4.1 城镇污水处理厂建设、运行情况研究

（1）生活污水集中处理率

2012 年贾鲁河流域城镇生活污水集中处理率约为 85%，其中郑州市区为

86.7%、其他地区为 73.4%。

（2）污水处理厂数量与规模

2012 年，贾鲁河流域建设城镇污水处理厂 17 个，总规模 150 万 t/d，其中郑州市 14 个、处理能力 143.5 万 t/d。流域在建污水处理厂 11 个，总规模 153 万 t/d，其中郑州市 9 个、处理能力 150 万 t/d。流域规划污水处理厂 3 个，总规模 32.5 万 t/d，其中郑州市 2 个、处理能力 31 万 t/d。郑州市污水处理厂约占流域总数的 80%，占流域总处理规模 95%以上。

贾鲁河流域城镇污水处理厂情况及分布见图 4-13。

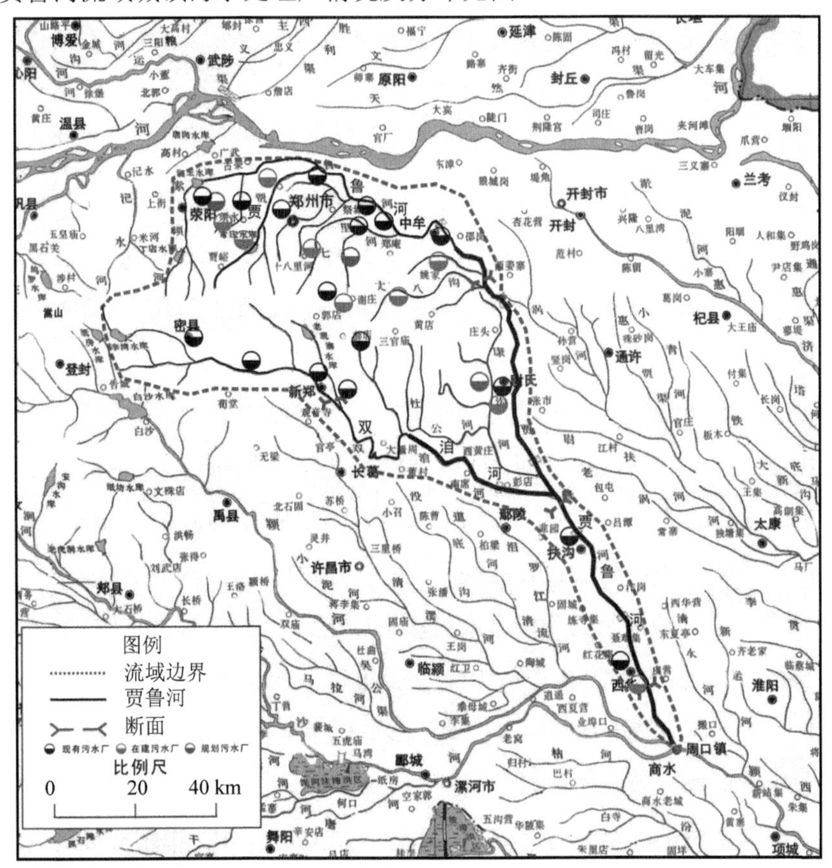

图 4-13 贾鲁河流域现有、在建及规划污水处理厂布局

（3）污水处理厂选用工艺

2012 年，贾鲁河流域现有及在建城镇污水处理厂多采用 A^2/O、氧化沟、CASS 等工艺，其中 10 万 t 及以上的大中型城镇污水处理厂中，除五龙口和双桥污水处理厂采用改良型氧化沟外，其他均采用 A^2/O 系列工艺。

（4）污水处理厂执行标准

2012 年，贾鲁河流域内现有城镇污水处理厂多执行一级 A 标准，仅 2 家执行一级 B 标准、2 家执行二级标准、1 家两期工程分别执行一级 A 标准和一级 B 标准。

（5）运行负荷调查

2012 年，贾鲁河全流域污水处理厂运行负荷约为 95%，其中，郑州市区约为 111%，除郑州市以外的县级污水处理厂约为 83%。

（6）进水水质调查

2012 年，郑州市区城镇污水处理厂进水浓度范围为 BOD 123～318 mg/L、COD 234～622 mg/L、SS 161～610 mg/L、NH_3-N 22.3～60.3 mg/L、TN 29.6～66.1 mg/L、TP 3.4～8.8 mg/L。进水浓度春季最高，尤其是 COD、BOD、TP 指标表现较明显。

（7）出水水质调查

根据 2012 年河南省城市污水处理厂监控周报，贾鲁河流域多数污水处理厂出水 COD 最大周均值均小于 40 mg/L，但出水 NH_3-N 年均值在 5 mg/L 以下的占 66%、最大周均值均小于 5 mg/L 的仅占 42%。郑州市区除王新庄污水处理厂出水 NH_3-N 较高外，其他污水处理厂出水已基本可达到一级 A 标准，COD 最大周均值全在 40 mg/L 以下，尤其是马头岗污水处理厂出水 NH_3-N 最大周均值全在 1.1 mg/L 以下。但流域内县级污水处理厂多数仍不能达到一级 A 标准。

（8）水温对处理效果的影响

收集整理郑州市区城镇污水处理厂水温资料发现，2012 年郑州市区生活污水冬季平均水温为 15.1℃，近 3 年最低水温大于 12℃。从理论上讲，这一水温水平基本不会对生物脱氮带来影响。从实际出水水质上看，出水浓度与水温变化不严格相关，但也不排除污水处理厂为了保证处理效果，冬季减少了处理水量有关。

综上所述，贾鲁河流域城镇污水处理厂建设运行情况良好。特别是郑州市，不仅污水处理率高，而且污水处理厂管理规范、运行稳定，出水水质大多优于一级A标准。但其仍是郑州中牟陈桥断面水污染负荷的主要来源，因此，加严污水处理厂排放标准是贾鲁河水质改善的需要。

4.4.2 国家现行标准与北京市地方标准

国内针对城镇污水处理厂单独制定标准的仅有《城镇污水处理厂污染物排放标准》（GB 18918—2002）（以下简称国家标准）和《北京市城镇污水处理厂水污染物排放标准》（DB 11/890—2012）（以下简称北京标准）。

（1）国家标准

贾鲁河流域内城镇污水处理厂均执行国家标准，该标准于2003年7月1日实施，并于2006年发布修改单。该标准包括19项基本控制项目、43项选择控制项目。该标准规定，排入国家和省确定的重点流域及湖泊、水库等封闭、半封闭水域的城镇污水处理厂执行一级标准的A标准；排入地表水Ⅲ类功能水域的城镇污水处理厂执行一级标准的B标准；排入Ⅳ类、Ⅴ类水体的城镇污水处理厂执行二级标准。该标准已实施10年有余，并已列入国家标准的修订计划。

（2）北京标准

2012年，《北京市城镇污水处理厂水污染物排放标准》发布，在全国开创了排放标准与质量标准接轨的先河。北京标准包括19项基本控制项目（与国家标准相同）、54项选择控制项目（涵盖国家标准）。规定排入北京市Ⅱ类、Ⅲ类水体的城镇污水处理厂执行A标准，排入北京市Ⅳ类、Ⅴ类水体的城镇污水处理厂执行B标准。其A标准限值基本与地表水Ⅲ类水质标准限值相当，B标准限值基本与地表水Ⅳ类水质标准限值相当。北京标准实行差别化控制，新厂执行新标准，中心城区老厂2年半后执行新标准，其他区域仍控制在国家标准的水平上。

国家标准与北京标准及地表水标准限值的比较见表4-1。

表 4-1 污水处理厂排放标准基本控制项目限值比较

序号	污染物或项目名称	国家标准（GB 18918—2002）		北京标准（DB 11/890—2012）		地表水标准（GB 3838—2002）	
		一级 A 标准	一级 B 标准	A 标准	B 标准	Ⅲ类标准	Ⅳ类标准
1	总汞	0.001		0.001		0.000 1	0.001
2	烷基汞	不得检出		不得检出		—	—
3	总镉	0.01		0.005		0.005	0.005
4	总铬	0.1		0.1		—	—
5	六价铬	0.05		0.05		0.05	0.05
6	总砷	0.1		0.05		0.05	0.1
7	总铅	0.1		0.05		0.05	0.05
8	pH	6～9	6～9	6～9	6～9	6～9	6～9
9	色度（稀释倍数）	30	30	10	15	—	—
10	SS	10	20	5	5	—	—
11	COD	50	60	20	30	20	30
12	BOD_5	10	20	4	6	4	6
13	石油类	1	3	0.05	0.5	0.05	0.5
14	NH_3-N	5（8）*	8（15）*	1.0（1.5）**	1.5（2.5）**	1.0	1.5
15	总氮	15	20	10	15	1.0（湖、库）	1.5（湖、库）
16	总磷	0.5	1	0.2	0.3	0.2（湖、库 0.05）	0.3（湖、库 0.1）
17	阴离子表面活性剂（LAS）	0.5	1	0.2	0.3	0.2	0.3
18	动植物油	1	3	0.1	0.5	—	—
19	粪大肠菌群/（MPN/L）	1 000	10 000	500	1 000	10 000	20 000

注：* 括号内为水温≤12℃的执行标准；**括号内为 12 月 1 日—3 月 31 的执行标准。

4.4.3 基于水质目标的控制水平预测

为更好地确定污水处理厂控制水平，本研究开展了基于贾鲁河水质目标的污水处理厂控制水平预测。

预测断面：贾鲁河中牟陈桥断面；

控制因子：COD、NH_3-N；

水质目标："十二五"水质责任目标、V类水质目标、Ⅳ类水质目标；

预测模式：零维模式；

背景条件：无黄河调水、无生活污水溢流；农业源等不可预计源维持现状；工业源废水排放量维持现状，排放浓度标准收紧到 COD 50 mg/L、NH_3-N 5 mg/L。

预测结果：见表 4-2。

表 4-2　不同水质目标的城镇污水处理厂需控制到的水平估算结果　单位：mg/L

陈桥断面水质目标	污水处理厂排水浓度	
	COD	NH_3-N
2015 年水质责任目标 COD 40 mg/L、NH_3-N 3 mg/L	30.2	2.61
V类水质目标 COD 40 mg/L、NH_3-N 2 mg/L	30.2	1.60
Ⅳ类水质目标 COD 30 mg/L、NH_3-N 1.5 mg/L	20.0	1.10

预测结果表明，中牟陈桥断面要达到"十二五"水质责任目标，则城镇污水处理厂 COD、NH_3-N 排放浓度需控制到 30.2 mg/L 和 2.61 mg/L 以下；要达到V类水质目标，则城镇污水处理厂 COD、NH_3-N 排放浓度需控制到 30.2 mg/L 和 1.60 mg/L 以下；要达到Ⅳ类水质目标，则城镇污水处理厂 COD、NH_3-N 排放浓度需控制到 20.0 mg/L 和 1.10 mg/L 以下。

根据控制水平预测结果和污水处理的工艺路线，本研究拟定了高、中、低三种控制水平。其中低控制水平采用现有成熟的工艺路线即可实现，中控制水平通过现有成熟工艺路线的优化即可实现，高控制水平则需采用膜处理等新工艺才能实现。同时，综合考虑现行国家标准、现有及在建污水处理厂实际控制水平、流域水质改善需要等因素，又将高、中、低三种控制水平细分为五个方案，具体如下：

方案一（低控制水平）：COD 50 mg/L、NH_3-N 5 mg/L，即现行国家一级 A 标准。该方案全流域执行。

方案二（中控制水平）：COD 40 mg/L、NH_3-N 4 mg/L，其他指标执行国家一级 A 标准，即流域内在建的郑州新区污水处理厂排放标准。该方案仅郑州市区（含航空港区）执行，其他区域仍执行国家一级 A 标准。

方案三（中控制水平）：COD 40 mg/L、NH_3-N 3 mg/L，其他指标执行国家一级 A 标准，即流域内在建的郑州市双桥污水处理厂排放标准。该方案仅郑州市区（含航空港区）执行，其他地区仍执行国家一级 A 标准。

方案四（高控制水平）：COD 30 mg/L、NH_3-N 2 mg/L，其他指标与地表水Ⅴ类水质标准相当，即基于水质目标的控制水平。该方案仅郑州市区（含航空港区）执行，其他区域仍执行现行国家一级 A 标准。

方案五（高控制水平）：COD 30 mg/L、NH_3-N 1.5 mg/L，其他指标与地表水Ⅳ类水质标准相当，即基于水环境功能目标的控制水平，与北京标准限值相同。该方案仅郑州市区（含航空港区）执行，其他地区仍执行现行国家一级 A 标准。

4.4.4 不同控制水平的技术经济分析

针对拟定的高、中、低三种控制水平的五个方案，从工艺路线、工程实例、经济投入等方面进行技术经济可行性分析，预测各方案的水质改善效果，对比各方案的利与弊，统筹考虑流域社会经济发展水平、水污染治理技术装备发展水平、贾鲁河水质改善需要等因素，提出推荐方案。

本研究尝试采用水质改善投资强度来反映不同方案的性价比，所谓水质改善投资强度是指河流水质污染物浓度每降低 1 mg/L 所需的投资。当然，这一概念有局限性。

需要说明的是，考虑到水污染处理技术的不断发展，各方案的达标工艺路线包括但不局限于本研究给出的工艺路线。

（1）低控制水平

方案一：COD 50 mg/L、NH_3-N 5 mg/L，即现行国家一级 A 标准。该方案全流域执行。

工艺路线：带脱氮除磷系统的二级生化处理（A^2/O、氧化沟、CASS 等）+常规深度处理等。

工程示例：流域内现有陈三桥污水处理厂和五龙口污水处理厂。陈三桥污水处理厂规模 10 万 t/d，采用改良型 UCT+混凝沉淀+过滤工艺，生化系统水力停留时间（HRT）为 17.9 h，MLSS 3.5g/L，污泥停留时间（SRT）为 20 d，好氧区最低溶解氧浓度 2 mg/L，单位建设成本约合 3 600 元/t，运行成本约 0.78 元/t；五龙口污水处理厂规模为 20 万 t/d，采用改良氧化沟+混凝沉淀+过滤工艺，生化系统 HRT 为 13 h，MLSS 3.5 g/L，SRT 13.1 d，氧化沟出水溶解氧浓度 2～2.5 mg/L，单位建设成本约合 3 700 元/t，运行成本约 0.7 元/t。

经济成本：方案一新建成本 3 300～3 700 元/t，运行成本 0.6～0.8 元/t；现有城镇污水处理厂由二级标准升级到一级 A 标准增加建设成本约 1 000 元/t，增加运行成本约 0.2 元/t；由一级 B 标准升级到一级 A 标准增加建设成本约 600 元/t、增加运行成本约 0.1 元/t。若执行方案一，郑州市需增加投资 2.48 亿元、每年增加运行费用 0.15 亿元，全流域增加投资 2.63 亿元、每年增加运行费用 0.17 亿元。

水质改善：方案一实施后，中牟陈桥断面（无调水）COD、NH_3-N 分别为 38.7 mg/L、3.77 mg/L，较现状年均值（有调水）分别下降了 11.2%、10.2%，NH_3-N 尚不能达到“十二五”水质责任目标；大王庄断面（无调水）COD、NH_3-N 分别为 35.0 mg/L、3.30 mg/L，较现状断面年均值（有调水）有所升高，COD 和 NH_3-N 均不能达到“十二五”水质责任目标，主要原因是没有黄河调水且流域新增了大量的城镇污水处理厂。如要达到“十二五”水质责任目标及Ⅴ类水质目标，中牟陈桥断面仍需调水量约 2.73 亿 m^3/a、8.52 亿 m^3/a，分别占现状调水量的 43%、155%。在中牟陈桥断面调水达到“十二五”水质责任目标后，大王庄断面达到Ⅴ类水质目标约仍需调水 5.88 亿 m^3/a，或采取其他综合措施使 NH_3-N 再削减 27.0%、COD

再削减 14.3%。

水质改善投资强度：以中牟陈桥断面氨氮为例，方案一水质改善投资强度约 6.2 亿元。

利弊分析：利一，该方案为现行一级 A 标准，有大量的工程实例，技术成熟，运行管理经验丰富；利二，经济投入低，且基本已纳入“十二五”环保规划，投资保障性强；利三，此控制水平已是流域目前环境管理的普遍要求，也是“十二五”环保规划要求，达标难度小。弊一，水质改善效果有限，水质责任目标的实现仍需依赖生态调水；弊二，基本不具备标准的引导性和前瞻性，达不到流域标准的制定目的。

（2）中控制水平

对于中控制水平，拟定了方案二、方案三两个控制方案。两者均依托一级 A 工艺路线的优化设计和强化管理，从水质改善需要考虑，方案三进一步加严了 NH_3-N 的控制水平。

方案二：COD 40 mg/L、NH_3-N 4 mg/L，其他指标执行国家一级 A 标准，即流域内在建的郑州新区污水处理厂排放标准。该方案仅郑州市区（含航空港区）执行，其他区域仍执行国家一级 A 标准。

工艺路线：多模式 A^2/O 及其他带脱氮除磷系统的二级生化处理工艺+常规深度处理等。

工程示例：流域内在建的郑州新区污水处理厂。其规模 65 万 t/d，采用多模式 A^2/O+混凝沉淀+过滤工艺，生化系统 HRT 为 21 h，MLSS 4 g/L，SRT 22.6 d，好氧区溶解氧浓度 1.5～2.5 mg/L，单位建设成本约合 4 200 元/t，运行成本约 0.86 元/t。

经济成本：方案二新建投资 4 200 元/t，运行成本约 0.9 元/t，由一级 A 标准升级到该方案投资约增加 700 元/t，运行成本增加 0.1～0.2 元/t。若执行方案二，郑州市需增加投资 10.88 亿元、每年增加运行费用 1.03 亿元，全流域增加投资 11.03 亿元、每年增加运行费用 1.04 亿元。

水质改善：方案二实施后，中牟陈桥断面（无调水）COD、NH_3-N 分别为 36.7 mg/L、3.50 mg/L，较现状年均值（有调水）分别下降了 15.8%、16.7%，NH_3-N 尚不能达到“十二五”水质责任目标；大王庄断面（无调水）COD、NH_3-N 分别为 33.2 mg/L、3.06 mg/L，均较现状年均值（有调水）有所升高，COD 和 NH_3-N 指标均不能达到水质责任目标，主要原因是没有黄河调水且流域新增了大量的城镇污水处理厂，且下游的排放标准宽于上游。如要达到“十二五”水质责任目标及Ⅴ类水质目标，中牟陈桥断面约需调水 1.54 亿 m^3/a、7.22 亿 m^3/a，分别占现状调水量的 28%、131%。在中牟陈桥断面调水达到“十二五”水质责任目标后，大王庄断面达到Ⅴ类水质目标约仍需调水 5.01 亿 m^3/a，或采取其他综合措施使 NH_3-N 再削减 25.9%、COD 再削减 9.6%。

水质改善投资强度：以中牟陈桥断面氨氮为例，方案二水质改善投资强度约 16.2 亿元。

利弊分析：利一，依托现行一级 A 标准的工艺路线，优化设计，强化管理，技术成熟，现有大型污水处理厂（如马头岗污水处理厂等）大多情况下已达标；利二，经济投入适中，标准实施难度小。弊一，水质改善效果有限，水质责任目标的实现仍需依赖部分生态调水；弊二，标准的引导性和前瞻性不强，标准的作用无法充分发挥。

方案三：COD 40 mg/L、NH_3-N 3 mg/L，其他指标执行国家一级 A 标准，即流域内在建的郑州市双桥污水处理厂排放标准。该方案仅郑州市区（含航空港区）执行，其他地区仍执行国家一级 A 标准。

工艺路线：A^2/O 工艺及其他带脱氮除磷系统的二级生化处理工艺（好氧区增加填料）+常规深度处理+化学氧化工艺。

工程示例：流域内正在筹备建设的郑州市双桥污水处理厂。其规模为 20 万 t/d，采用改良氧化沟+混凝沉淀+过滤+臭氧氧化工艺，生化系统 HRT 为 22 h，好氧池 MLSS 3.5 g/L，好氧池填料填充率 10%，总污泥浓度 6.8 g/L，最低溶解氧 2 mg/L，单位建设成本约合 4 500 元/t，运行成本约 0.9 元/t。

经济成本：方案三新建投资 4 500 元/t，运行成本约 0.9 元/t，由一级 A 标准升级到该方案投资约增加 1 000 元/t，运行成本增加 0.1～0.2 元/t。若执行方案三，郑州市需增加投资 16.43 亿元、每年增加运行费用 1.15 亿元，全流域增加投资 16.58 亿元、每年增加运行费用 1.16 亿元。

水质改善：方案三实施后，中牟陈桥断面（无调水）COD、NH_3-N 分别为 36.7 mg/L、2.90 mg/L，较现状年均值（有调水）分别下降了 15.8%、31.0%，能达到“十二五”水质责任目标，但还不能达到Ⅴ类水质目标；大王庄断面（无调水）COD、NH_3-N 分别为 33.2 mg/L、2.60 mg/L，均较现状年均值（有调水）有所升高，COD 和 NH_3-N 指标均不能达到“十二五”水质责任目标，主要原因是黄河调水且流域新增了大量的城镇污水处理厂，且下游的排放标准宽于上游。实施方案三，中牟陈桥断面不需生态调水即可达到“十二五”水质责任目标。如要达到Ⅴ类水质目标，陈桥断面仍需调水 4.33 亿 m^3/a，为现状调水量的 79%。但大王庄断面要达到“十二五”水质责任目标及Ⅴ类水质目标，约仍需调水 3.68 亿 m^3/a，或采取其他综合措施使 NH_3-N 再削减 23.1%、COD 再削减 9.6%。

水质改善投资强度：以中牟陈桥断面氨氮为例，方案三水质改善投资强度约 12.9 亿元。

利弊分析：利一，依托现行一级 A 标准的工艺路线，优化设计，强化管理，技术成熟；利二，经济投入适中，标准实施难度小；利三，中牟陈桥断面水质改善效果明显，水质责任目标的实现不再依赖生态调水。弊，标准的引导性和前瞻性尚未充分体现。

（3）高控制水平

对于高控制水平，拟定了方案四、方案五两个控制方案。两者所依托的工艺路线、工程实例等相同，主要差异体现在运行管理方面，也就是说方案四控制水平略宽松于方案五，旨在采用新工艺后，为积累运行管理经验留出一定的达标空间。

方案四：COD 30 mg/L、NH_3-N 2 mg/L，其他指标与地表水Ⅴ类水质标准相当。即基于水质目标的控制水平。该方案仅郑州市区（含航空港区）执行，其他区域仍执行现行国家一级 A 标准。

工艺路线：膜生物反应器（MBR）工艺，或带脱氮除磷系统的二级生化处理+曝气生物滤池+膜过滤+臭氧氧化消毒。

工程示例：北京市北小河和高碑店污水处理厂。北京市北小河污水处理厂规模 10 万 t/d，采用 MBR 工艺，其中生化反应池采用 UCT 工艺，生化系统 HRT 为 14 h，MLSS 8～10 g/L，SRT 16.6 d，超滤膜采用中空纤维膜，直径为 0.04 μm，设计膜通量为 13.7 L/（m^2·h），比曝气能耗为 0.27 m^3/（m^2·h），单位建设成本约合 4 000 元/t，运行成本约 1.8 元/t；高碑店污水处理厂规模 100 万 t/d，采用 A^2/O（好氧区加填料）+曝气生物滤池+超滤+臭氧氧化工艺，A^2/O 系统 HRT 为 9.25 h，好氧区填料填充率 40%，MLSS 2.5～4 g/L，气水比 4～10，反硝化生物滤池平均滤速 8.4 m/h；反硝化负荷 1.1 kg NO_3-N/（m^3·d），另以甲醇为外加碳源，目前正在改造，预计采用该工艺单位建设成本约合 5 000 元/t，运行成本约 2 元/t。

经济成本：方案四新建投资约为 5 000 元/t（仅厂内投资，不含征地和管网建设费用），处理成本为 2 元/t，在有完善的二级处理的基础上的改造投资为增加 2 000 元/t，处理成本增加 1 元/t。若执行方案四，郑州市需增加投资 41.38 亿元，每年增加运行费用 7.51 亿元，全流域增加投资 41.53 亿元，每年增加运行费用 7.52 亿元。

水质改善：方案四实施后，中牟陈桥断面（无调水）COD、NH_3-N 分别为 29.0 mg/L、2.00 mg/L，较现状年均值（有调水）分别下降了 33.5%、52.4%；大王庄断面（无调水）COD、NH_3-N 分别为 27.4 mg/L、1.94 mg/L，较现状年均值（有调水）COD 略升高 13.7%，NH_3-N 下降 24.2%，中牟陈桥断面和大王庄断面无须生态调水均能达到Ⅴ类水质目标。如需达到Ⅳ类水质目标，中牟陈桥断面需调水 3.36 亿 m^3/a，占现状调水量的 61%。

水质改善投资强度：以中牟陈桥断面氨氮为例，方案四水质改善投资强度约 19.1 亿元。

利弊分析：利一，该方案依托的工艺路线与北京标准 B 标准相同，有工程实例；利二，标准的引导性和前瞻性强，可有效带动水污染处理技术进步；利三，水质改善效果明显，无须调水即可达到Ⅴ类水质目标。弊一，工程经验不足，运行管理要求高；弊二，经济投入大，标准实施需要强大的财政保障；弊三，鉴于该方案在工艺技术上有较大飞跃，标准实施需预留较长的过渡期，短期难以见效。

方案五：COD 30 mg/L、NH_3-N 1.5 mg/L，其他指标与地表水Ⅳ类水质标准相当。即基于水环境功能目标的控制水平，与北京标准限值相同。该方案仅郑州市区（含航空港区）执行，其他地区仍执行现行国家一级 A 标准。

工艺路线：同方案四，膜生物反应器（MBR）工艺，或带脱氮除磷系统的二级生化处理+曝气生物滤池+膜过滤+臭氧氧化消毒。

工程示例：同方案四，北京市北小河和高碑店污水处理厂。

经济成本：同方案四，新建投资约为 5 000 元/t（仅厂内投资，不含征地和管网建设费用），处理成本为 2 元/t，在有完善的二级处理的基础上的改造投资为增加 2 000 元/t，处理成本增加 1 元/t。若执行方案五，郑州市需增加投资 41.38 亿元、每年增加运行费用 7.51 亿元，全流域增加投资 41.53 亿元、每年增加运行费用 7.52 亿元。

水质改善：方案五实施后，中牟陈桥断面（无调水）COD、NH_3-N 分别为 29.0 mg/L、1.55 mg/L，较现状年均值（有调水）分别下降了 33.5%、63.1%；大王庄断面（无调水）COD、NH_3-N 分别为 27.4 mg/L、1.61 mg/L，较现状年均值（有调水）COD 略升高 13.7%，NH_3-N 下降 37.1%，中牟陈桥断面和大王庄断面无须生态调水均能达到Ⅴ类水体要求。如要达到Ⅳ类水质目标，中牟陈桥断面仅需调水 0.34 亿 m^3/a，仅占现状调水量的 6%。

水质改善投资强度：以中牟陈桥断面氨氮为例，方案五水质改善投资强度约 15.8 亿元。

利弊分析：利一，该方案依托的工艺路线与北京标准 B 标准相同，有工程实例；利二，标准的引导性和前瞻性最强，可有效带动水污染处理技术进步；利三，水质改善效果最佳，基本摆脱对生态调水的依赖局面。弊一，工程经验不足，运行管理要求高于方案四；弊二，经济投入大，标准实施需要强大的财政保障；弊三，鉴于该方案在工艺技术上有较大飞跃，标准实施需预留较长的过渡期，短期难以见效。

（4）推荐方案

三种控制水平的五个方案综合对比见表 4-3。显而易见的是，高的控制水平就意味着高的经济投入，当然也就会有好的环境效益。其中方案三经济投入适中，依托成熟工艺的优化设计及强化管理，水质改善特别是中牟陈桥断面水质改善明显。

表 4-3 不同控制水平、控制方案综合对比

控制水平	控制方案	技术成熟性	运行实例	经济投入	水质改善投资强度	环境效益	前瞻性引导性	实施难度
低控制水平	方案一	最成熟	多	低	6.2 亿元	低	基本不具备	易，所需过渡期短
中控制水平	方案二	成熟	少	适中	16.2 亿元	有限	一般	较易，所需过渡期适中
	方案三	成熟	少	适中	12.9 亿元	明显	一般	较易，所需过渡期适中
高控制水平	方案四	较成熟	少	高	19.1 亿元	显著	强	难，所需过渡期长
	方案五	较成熟	少	高	15.8 亿元	显著	强	难，所需过渡期长

注：水质改善投资强度指以中牟陈桥断面单位氨氮浓度降低的投资强度。

在不同控制水平的各方案综合对比的基础上，统筹考虑流域社会经济发展水平、标准实施的政治经济技术可行性、河流水质改善和环境管理需要等因素，建议将方案三作为推荐方案，即贾鲁河流域新建城镇污水处理厂，郑州市区（含航空港区）执行 COD 40 mg/L、NH_3-N 3 mg/L，其他指标执行国家一级 A 标准，其他区域执行现行国家一级 A 标准；现有城镇污水处理厂均预留 1.5 年过渡期。

4.4.5 污染减排与水质改善

如推荐方案实施后，贾鲁河流域污染减排估算与水质改善预测结果如下：

（1）污染减排

标准实施后，预计到2015年郑州市城镇污水处理厂每年COD减排29 921.6 t，削减率41.0%，NH_3-N减排3 968.4 t，削减率49.1%；贾鲁河流域城镇污水处理厂每年COD减排29 921.6 t，削减率40.6%，NH_3-N减排3 994.0 t，削减率49.0%。

（2）水质改善

标准实施后，贾鲁河中牟陈桥断面水质预测为COD 36.7 mg/L、NH_3-N 2.90 mg/L，无须调水可达到“十二五”责任目标；大王庄断面水质预测为COD 33.2 mg/L、NH_3-N 2.60 mg/L，较现状无调水时分别改善43.7%和62.0%。应该说，该标准实施后，中牟陈桥断面水质改善明显，“十二五”水质目标的实现可以摆脱依赖黄河调水的局面。但如上游无调水，大王庄断面氨氮与现状持平，COD不降反升，不能满足“十二五”水质责任目标要求，大王庄断面的达标仍需采取其他措施削减25%左右的污染负荷。

5 啤酒工业水污染物排放标准

5.1 标准工作简介

5.1.1 工作背景

河南省发酵类工业调查结果显示，河南省发酵类（含淀粉）工业是水污染物排放大户，河南省 2008 年统计的发酵类企业 201 家，排放废水 9 980 万 t、COD 25 874 t、氨氮 2 048 t，分别占河南省工业废水排放总量的 8.6%、9.47%、7.72%。在发酵类工业中，啤酒、酒精（含白酒）和淀粉工业废水量占整个发酵类废水量的 18.7%、41.2%、15.5%，COD 排放量占整个发酵类 COD 排放量的 11.2%、42.8%、23.5%，氨氮排放量占整个发酵类氨氮排放量的 8.9%、37.0%、11.7%。要控制发酵类工业水污染物的排放，应以这三个行业为主。

自《啤酒工业水污染物排放标准》（GB 19821—2005）实施以来，啤酒工业水污染的治理技术得到了快速发展，治理效果也有了明显提高。河南省啤酒工业水污染物产生量大，企业数量多、分布广，规模和技术装备水平亟待提高，且正处于调整、兼并、重组的发展当口。基于上述因素，结合国家发酵类行业相关污染物排放标准的制修订工作情况，原河南省环境保护厅决定开展河南省地方标准《啤酒工业水污染物排放标准》的制定工作。

5.1.2 工作过程

标准制定工作自2009年3月起至2010年8月结束，历时一年半，总体分为调研、开题报告编制和标准制定三个阶段。

（1）第一阶段：调研

2009年3—10月，开展了发酵类工业污染状况调查和重点行业地方标准制定前期调研工作，主要完成的工作包括：发酵类行业特点调查及污染控制调查、国内发酵类行业相关标准制定情况调查。调查确定控制河南省发酵类工业水污染物的排放，应以啤酒、酒精（含白酒）和淀粉三个行业为主。

（2）第二阶段：开题报告编制

2010年1—4月，成立标准编制组，开展《河南省地方标准啤酒工业水污染物排放标准研究制定开题报告》，完成的主要工作有：

3月，河南省环境保护厅科技处以《关于填报“河南省啤酒企业生产及污染物排放情况调查表”的通知》发放啤酒企业调查表44份，收回30份。

4月，河南省环境保护厅主持召开了开题报告论证。与会人员包括河南省发展和改革委员会、河南省工业和信息化厅、河南省质量技术监督局、河南省环境保护厅等部门代表，河南省酿酒工业协会、中国金星啤酒集团、河南奥克啤酒有限公司等行业代表，以及邀请的专家。

（3）第三阶段：研究制订

6月上旬，企业调研。根据大、中、小不同规模品牌；豫中、豫东、豫西、豫南及豫北不同地区；啤酒、麦芽不同产品；直接排入地表水体、间接排入城镇污水处理厂不同排水去向，选取典型企业进行调研，调研对象涉及5个地市12家企业。

6月，资料收集、整理、汇总、分析、研究。整理分析8类来源1 000余组数据，从规模、布局、产品、经济效益、清洁生产水平、污染治理及排放等方面全面了解、分析河南省啤酒行业现状。开展标准技术内容研究、标准限值确定研究和技术经济分析。

6 月底，形成标准及标准编制说明（第一稿）。

7月，赴外省啤酒、麦芽生产企业调研，现场参观企业生产设施、污水治理设施，了解生产废水产生、治理和排放情况及企业清洁生产状况。

8月，列席国家啤酒工业污染物排放标准开题报告会，与环境保护部科技标准司、中国环境科学研究院标准所、与会专家等进行了交流。

8 月初，编制完成标准及标准编制说明（第二稿）。

8 月中旬，河南省环境保护厅有关处室单位征求意见。

8 月下旬，完成标准及标准编制说明（征求意见稿）。

8 月底，河南省环境保护厅主持召开了专家评审会。与会人员包括河南省发展和改革委员会、河南省工业和信息化厅、河南省质量技术监督局、河南省环境保护厅等部门代表，河南省酿酒工业协会、中国金星啤酒集团、河南维雪啤酒集团有限公司、河南奥克啤酒有限公司等行业代表，以及邀请的专家。

9 月，面向社会征求相关单位意见。

10 月，河南省环境保护厅厅长专题办公会审议。

2011 年 5 月，通过河南省质量技术监督局和河南省环境保护厅在郑州共同主持召开的标准审定会议，修改完善，完成标准及标准编制说明（报批稿）。

2011 年 6 月，河南省人民政府批准标准发布实施。

2011 年 11 月 1 日，标准开始实施。

5.2 河南省啤酒行业概况

5.2.1 行业概况

（1）行业规模不断扩大

走过了 50 年发展历程的豫啤市场，从当年的开封唯一品牌汴京到如今的金星、维雪、奥克、月山、航空、蓝牌、鸡公山、悦泉等30多个品牌竞相争艳，从2001年生产119.03万kL到2009年的382.06万kL（占全国2009年啤酒产量近1/10），已成为全国啤酒产量大省（图5-1）。

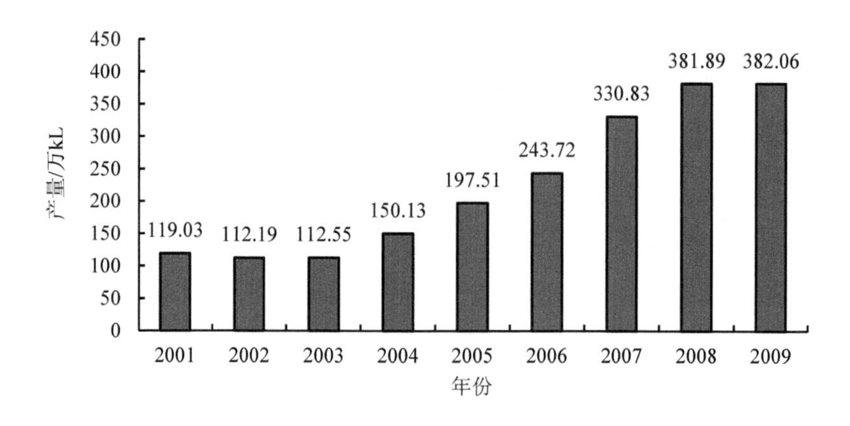

图5-1 2001—2009年河南省啤酒产量情况

（2）企业规模不大、产能利用率低

2009年，河南省啤酒生产企业39家，企业规模为1万～30万t/a。河南省啤酒行业产能集中在规模10万t/a及以上的企业，占河南省啤酒生产企业总数的61.6%、占总产能的85.5%。设计产能10万t/a的企业占河南省啤酒生产企业总数的40%、占总产能的43%。郑州金星啤酒厂、信阳维雪啤酒厂产能均为30万kL/a，是河南省单厂规模最大的企业（表5-1）。

表5-1 2009年河南省啤酒企业产能分布情况

企业产能	数量/个	占河南省啤酒企业总数比例/%	占河南省啤酒企业总产能比例/%	2009年产能利用率/%
P≥20万t/a	3	7.7	21.5	39.5
20万t/a>P≥10万t/a	21	53.9	64.0	31.7
P<10万t/a	15	38.4	14.5	24.3

2009年，受气候及国内啤酒巨头在河南周边布点占领河南市场等因素影响，河南省啤酒企业实际产能利用率较低，平均为33.9%。仅有7.7%的企业实际产量达到设计产能的80%以上，59%的企业不足设计产能的30%（图5-2）。

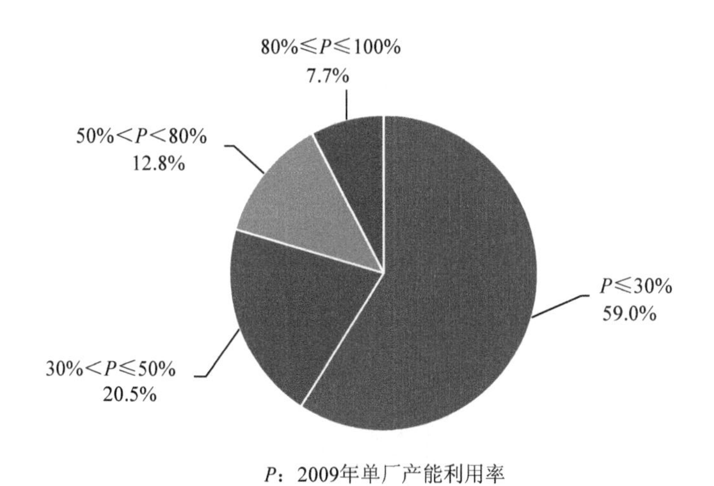

图5-2 2009年河南省啤酒企业产能利用率

对麦芽企业来说，河南省产能1万t/a以上的麦芽生产企业产能情况见表5-2。除此之外，尚有一些规模较小的麦芽生产企业，还有一些啤酒企业内设有麦芽车间。河南省麦芽产品包括大麦芽和小麦芽。

表5-2 河南省主要麦芽生产企业

序号	名称	厂址	产能/（万t/a）
1	企业1	商丘市	2.5
2	企业2	漯河	2
3	企业3	信阳	2

（3）品牌众多，大、中品牌优势明显

河南省啤酒行业共计28个品牌，根据其产能及市场份额，可分为大、中、小三类品牌。

大品牌的产能占河南省总产能的 53.88%，中等品牌占 26.67%，小品牌占 19.46%，见图 5-3。其中，大、中品牌企业中，单厂规模在 20 万 t 以上企业占 13%左右，10 万～20 万 t 占 75%左右，10 万 t 以下占 13%左右；而小品牌企业中，单厂规模集中在 10 万 t 以下，占 69.2%，10 万 t 以上仅占 30.8%。

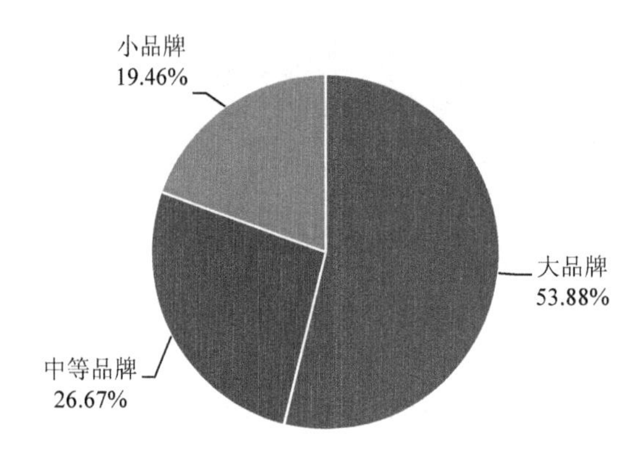

图 5-3 河南省啤酒品牌规模比例

从 2009 年各类品牌的实际产量上看，大品牌产量共占 63.8%，中等品牌占 26.4%，小品牌仅占 9.8%，见图 5-4。

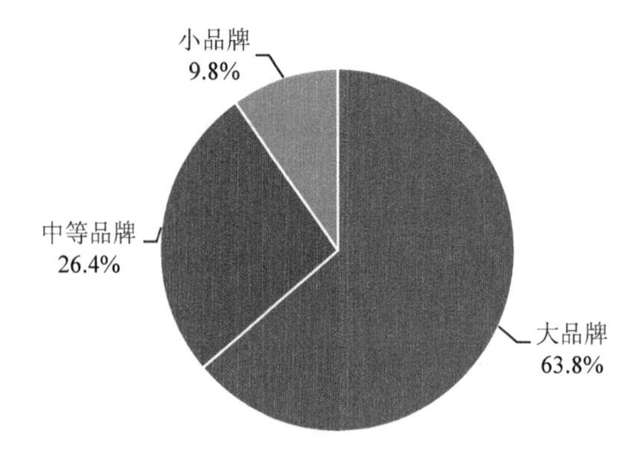

图 5-4 2009 年不同规模品牌实际产量比例

（4）啤酒企业分布广

总体来看，河南省啤酒企业分布很广，遍布河南省除许昌、济源外的 16 个地市。河南省规模相对较大的麦芽企业数量较少，分布在商丘、信阳、漯河等地。河南省啤酒生产企业分布详见图 5-5、图 5-6。

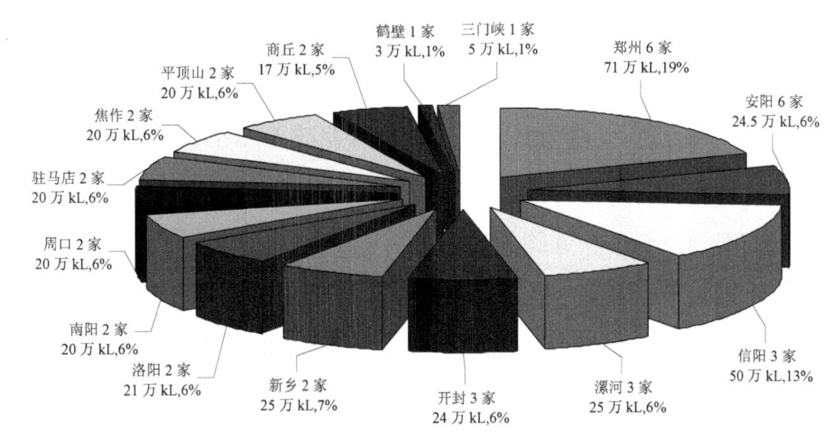

图 5-5 河南省各地市啤酒企业及产能分布情况

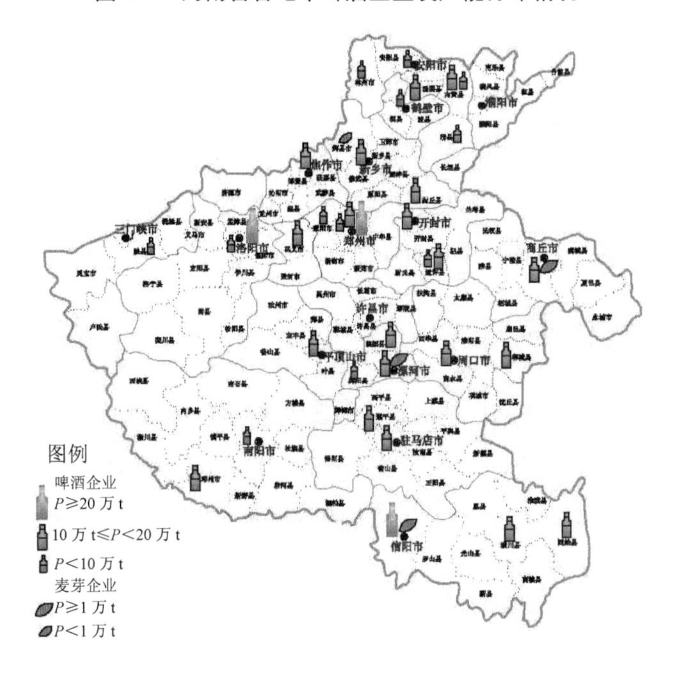

图 5-6 河南省啤酒及麦芽生产企业分布

（5）产品档次低、经济效益差

河南啤酒产品结构的升级有两个转折点。第一次是在2000年前后，以金星啤酒为代表的品牌推出定位2元的金星小麦啤，从而推动了河南市场整体产品结构从1.5元向2元的全面转型。第二次是在2004—2006年，以维雪为代表的维雪中箱产品的推出，又一次带动了河南整体产品结构从2元向3元的转型。

但是河南省啤酒企业目前仍处于激烈的低价竞争中，行业效益整体较差。以640 mL瓶装啤酒的出厂价格为例，大多低价企业在1元左右，1瓶啤酒仅有约2分钱利润，有些企业甚至仅有几厘钱的利润。

（6）面临啤酒巨头争相并购的局面

目前，中国啤酒行业已进入以华润雪花、百威英博、青岛和燕京四大巨头为主导的垄断竞争阶段，从2002年前后开始，通过收购、兼并、参股及自建生产厂等各种方式，形成了布局全国且互相交错的市场覆盖网络，但是唯独在河南，啤酒巨头还基本没有布点进入。

2010年4月，华润雪花与驻马店悦泉签订收购协议，雪花以2 700万元全资收购悦泉，由此拉开了河南啤酒市场整合的序幕。华润雪花与郑州奥克啤酒洽谈并购，南阳天冠、周口万园、商丘蓝牌等也都在雪花的收购目标之列。百威英博收购维雪啤酒的部分资产。燕京啤酒也与月山啤酒在不断接触。河南啤酒企业正面临着被国内啤酒巨头争相并购的局面。

5.2.2 清洁生产状况

河南省啤酒企业的工艺、技术、装备整体水平不高。现就五家较有代表性的不同品牌的啤酒企业进行调查，并对照《清洁生产标准　啤酒制造业》（HJ/T 183—2006），对其与节水减污相关的工艺装备及清洁生产技术水平进行分析，见表5-3。

河南省麦芽企业数量不多、规模也不大，其清洁生产情况见表5-4。

表 5-3 河南省啤酒企业工艺装备及清洁生产水平

项目	啤酒行业清洁生产分级指标			啤酒企业					
	一级	二级	三级	大品牌		中等品牌		小品牌	青岛啤酒工厂
一、生产工艺与装备要求									
1. 工艺	罐体密闭发酵法			√	√	√	√	√	√
2. 规模	10 万 t（新建厂）	5 万 t（新建厂）	—	30 万 t	10 万 t	10 万 t	10 万 t	<10 万 t	45 万 t
3. 糖化	麦汁过滤采用干排槽技术			√压滤机	√压滤机	√压滤机	√过滤槽	√过滤槽	√过滤槽
	煮沸锅配备二次蒸汽回收装备	—		√低压煮沸	常压煮沸	√低压煮沸	—	常压煮沸	√火山系统
	清洗采用 CIP 消洗技术			√	√	√	√	√	√
	配置冷凝水回收系统			√	√	√	√	√	√
	配置热凝固物回收系统	—		√	×	√	—	√	√
4. 发酵	发酵过程由微机控制			√	√	√	—	√	√
	啤酒过滤采用硅藻土过滤、纸板或膜过滤			√	√	√	√	×	√
	清洗采用 CIP 清洗技术			√	√		√	√	√
	配置冷凝固物/废酵母回收系统			回收	回收	回收	回收	回收	√
5. 包装	采用洗瓶（罐）、灌装、杀菌、贴标机械化灌装线			√人工验瓶		√人工验瓶，车间严格用水考核	√人工验瓶	√人工验瓶，爆瓶率高	√仪器自动验瓶、车间无水管理
二、水的利用与排放指标									
1. 取水量/（m^3/kL）	≤6.0	≤8.0	≤9.5	—	—	5.1	8.41	—	4.84
2. 废水产生量/（m^3/kL）	≤4.5	≤6.5	≤8.0	4.0	6	3.8	7.06	7.2	3.87

表 5-4 麦芽生产主要节水、减污清洁生产技术

序号	节水、减污清洁生产技术	河南省麦芽企业	欧麦（保定）麦芽厂
1	使用清洁麦芽：多级选麦	未采用	采用
2	采用喷雾浸麦	个别企业采用	采用
3	浸麦和洗麦用水回用	一定程度采用	采用
4	自动化控制管理	自控程度低	自控程度高
5	取水量/（m^3/t 麦芽）	≥6	≤3
6	排水量/（m^3/t 麦芽）	≥4	≤2

从表 5-3、表 5-4 可见：

①河南省啤酒企业生产工艺均采用罐体密闭发酵法；装备水平基本满足 HJ/T 183—2006 要求，但与国内先进企业尚存在较大差距。

②从水的利用与排放指标来看，基本为二级偏下水平。

③小品牌企业清洁生产水平明显落后于大品牌、中等品牌企业。除少数大、中品牌企业清洁生产水平稍高外，其他企业水平参差不齐，还与其管理水平密不可分。

④河南省麦芽生产清洁生产水平较低。麦芽生产企业基本未实现自动控制管理，除个别企业采用喷雾浸麦外，其他均还在采用浸断法；但各企业均在一定程度上实现了浸麦和洗麦用水的回用。

5.2.3 水污染治理状况

啤酒废水中含有糖类、淀粉、果胶、啤酒花、酵母残渣等有机物，属高浓度有机废水，主要污染因子是 COD_{Cr}、BOD_5 和 SS，其中 BOD_5/COD_{Cr} 为 0.4～0.6，可生化性良好。

啤酒废水处理工艺经历了三个发展过程：单一好氧生化处理、水解—好氧工艺、厌氧—好氧组合工艺。

调查结果显示：

①河南省啤酒企业均建有污水处理设施，约 8.3%采用水解酸化+好氧工艺，约 66.7%采用国内啤酒废水处理效果较好的厌氧+好氧工艺，少数企业采用单一好氧法处理后进入城市污水处理厂。与国内先进啤酒企业相比，河南省啤酒行业污水处理设施建设、管理普遍还不够规范。

②啤酒企业污水处理站的设计日处理规模为 2 000～10 000 m^3。其中，设计产能 10 万 t 的啤酒企业污水站处理规模基本为 3 000～4 000 m^3/d，30 万 t 以上企业的处理规模为 8 000～10 000 m^3/d。2009 年啤酒企业的产能利用率仅有 30%，各企业污水处理量仅达到设计规模的 45%左右。

③啤酒企业的吨污水处理费用为 0.29～2 元，相差较大。部分企业污水处理设施设计为两期工程配套，但实际仅建成运行一期工程，造成“大马拉小车”现象，使污水处理费用增高。

④污水处理费用在企业产品的总生产成本中大致占 0.3%，污水处理设施投资占企业总投资的 4%～8%。

⑤部分麦芽企业还没有建成规范的污水处理设施。

从调研情况来看，由于河南省啤酒企业效益较差，有些企业没有实现污水处理设施连续正常运行，也有一些企业污水处理设施设计不尽合理、部分系统规模偏小，在企业满负荷生产时可能出现处理能力不足的问题。

5.2.4 废水污染物排放状况

为了解掌握河南省啤酒行业排污现状，本次收集了 2009 年到 2010 年上半年河南省重点污染源监督性监测数据、2010 年上半年部分企业在线监测数据、2008 年和 2009 年环境统计数据、部分企业竣工环境保护验收数据，并通过向企业发放调查表、实地调研取得企业排污数据。

综合各项资料来看，2009 年到 2010 年上半年河南省啤酒行业基本可以实现达标排放；排水直接进入地表水体的企业基本执行国家现行啤酒行业标准，排水进入城市污水处理厂的企业少数执行国家现行标准中的预处理标准，其他执行标准接近《污水综合排放标准》（GB 8978—1996）一、二级标准；部分企业存在排水水质不稳定、冬季排水易超标的问题；大、中品牌企业污水治理效果普遍好于小品牌企业。

（1）重点污染源监督性监测情况

2009 年和 2010 年上半年河南省重点污染源监督性监测数据情况汇总见表5-5。2009 年到 2010 年上半年，河南省啤酒行业各项因子基本均可实现达标排放。

表 5-5 重点污染源监督性监测数据汇总

项目	执行标准/（mg/L）	平均值/（mg/L）	监测数据样本数	调查企业数
COD_{Cr}	500	122.167	5	1
	150	69.06	20	7
	100	58.74	5	1
	80	50.54	24	10
BOD_5	300	4.8	5	1
	60	17.8	4	2
	30	14.496	8	4
	20	13.82	15	5
SS	400	8.83	5	1
	150	80.07	6	1
	70	37.57	21	7
NH_3-N	25	3.316	21	7
	15	3.263	23	8
	—	0.09	6	1
TP	3	0.282	14	6
	—	0.493	10	2
TN	无	7.775	14	4

（2）验收监测情况

从企业环境保护竣工验收监测数据（表5-6）来看，各个企业处理后外排废水执行标准不同，均可实现达标排放。

表 5-6 部分企业验收监测数据 单位：mg/L

企业名称	污水处理工艺	外排废水主要污染因子									
		COD_{Cr}		BOD_5		SS		NH_3-N		TP	
		监测值	标准值	监测值	标准值	监测值	标准值	监测值	标准值	监测值	标准值
企业 1	厌氧+好氧	78.5	150	12.5	30	49.7	150	0.79	25	—	—
企业 2	UASB+好氧	59.9	150	6.9	30	80.9	150	1.22	25	—	—
企业 3	UASB+ SBR	96	150	28.7	30	29.8	150	3.5	25	—	—
企业 4	UASB+生物氧化	55	80	14	20	未检出	70	0.04	15	—	—
企业 5	UASB+氧化	31.8	100	6.9	20	40	70	0.11	15	0.37	0.5
企业 6	水解+生物氧化	38.1	150	2.2	30	78	150	—	—	—	—
企业 7	水解+接触氧化	35.9	318	3.5	200	17	220	0.1	40	1.23	5.2

（3）企业反馈调查表情况

根据啤酒企业调查表统计，河南省啤酒企业废水污染物排放情况见表 5-7。COD_{Cr} 排放浓度为 45～150 mg/L，平均浓度为 70.8 mg/L；SS 排放浓度为 16～180 mg/L，平均浓度为 74.6 mg/L；BOD_5 浓度大部分不超过 20 mg/L，平均浓度为 17.7 mg/L；氨氮浓度差异较大，为 0.26～21 mg/L，平均浓度为 7.7 mg/L；仅有 2 家企业反馈 TP 排放数据，分别为 0.7 mg/L 和 2.6 mg/L；单位产品排水量基本为 3.5～12 m^3/kL，平均 6.39 m^3/kL。

表 5-7 企业反馈调查表数据汇总

项目	执行标准/（mg/L）	浓度范围/（mg/L）	平均值/（mg/L）	调查数据样本数
COD_{Cr}	150	65～75	70	2
	80	45～150	76.8	12
BOD_5	30	12.8	12.8	1
	20	10～45	19.9	10
SS	70	16～180	74.6	13
NH_3-N	25	2.1～11	6.55	2
	15	0.26～21	9.17	11
排水量	—	3.5～12 m^3/kL 啤酒	6.39	23

总体来看，河南省啤酒行业大、中品牌企业水污染物可以做到达标排放，小品牌企业存在超标现象。

（4）调研企业自测情况

从取得的部分企业自测数据来看：各企业处理后啤酒废水 COD_{Cr} 均值基本在 65 mg/L 以下，部分企业排水水质波动较大，冬季气温低，生物活性差，又逢啤酒生产淡季，存在排水 COD_{Cr} 值偏高的现象。河南省内调研中了解到有些企业通过向水中添加营养物质、不达标废水返回处理设施循环处理等方式解决了该问题。青岛啤酒二厂采取蒸汽加热措施，避免冬季气温低降低生物活性、影响废水处理效果。

表 5-8 部分企业自测数据

企业名称	COD_{Cr}/（mg/L）	
	范围	均值
企业 1	全年 COD_{Cr} 外排数据为 14～227 夏季 COD_{Cr} 外排数据为 14～84 冬季 COD_{Cr} 外排数据为 31～227	62.3
企业 2	COD_{Cr} 外排数据为 24～89（全年）	62.4
企业 3	COD_{Cr} 外排数据为 59～72（全年）	65.5
企业 4	夏季 COD_{Cr} 外排数据为 40.5～55.2 冬季 COD_{Cr} 出水＞60	48.7（夏季）

5.2.5 存在的环境问题

近年来，随着国家、地方政策的引导，河南省啤酒行业也在不断实施清洁生产改造、加大污染治理力度，但整体仍呈现“散、小、弱”的状态，且面临着被国内啤酒巨头争相并购的局面。河南省啤酒企业存在的主要环境问题有：

①数量多、分布广，但规模不大，清洁生产水平不高。

②各企业污染排放执行标准不一。

③企业管理水平普遍不高，环境管理水平有待提高。

④因企业经济效益差、生产不连续、污水处理设计不尽合理等原因，一些企业污水处理设施未能做到连续稳定达标运行。

5.3 标准制定总体方案

5.3.1 标准制定的必要性

制定河南省《啤酒工业水污染物排放标准》，以环境优化经济增长，协调啤酒工业发展与水环境保护之间的关系，将有助于实现河南省啤酒行业健康发展与水环境保护“双赢”。在该标准开题报告咨询会上，各部门、企业、协会、专家代表一致认为该标准的制定十分必要。

（1）河南省地表水环境保护的要求

河南省地表水环境现状不容乐观。2009 年，河南省监控河段总长度为 7 979.4 km，其中Ⅰ～Ⅲ类水质河段长度 4 253.4 km，占监控河段总长度的 53.3%；Ⅳ类水质河段长度 1 049.7 km，占 13.2%；Ⅴ类水质河段长度 633.3 km，占 7.9%；劣Ⅴ类水质河段长度 2 043 km，占 25.6%。

据环境统计，河南省水污染物排放量较大的行业中包括粮食加工及食品发酵行业。啤酒工业废水排放量在发酵类行业中居第二位，COD 和氨氮排放量均位居第三。啤酒工业水污染物对河南省地表水污染的贡献量可观。

河南省制定更加严格的啤酒工业水污染物排放标准将有利于减少啤酒工业污染排放，有助于河南省地表水环境的保护。

（2）河南省啤酒工业健康发展的要求

河南省现有发酵类工业包括酒类、调味品、食品添加剂及生物制药等。其中酒类工业在全国具有重要地位，啤酒、白酒、酒精、黄酒、葡萄酒产量分别居全国的第 2、第 3、第 3、第 5、第 7 位。啤酒产量居于全国前列。但是，河南省啤酒工业企业规模小、产品档次低、经济效益差，企业之间低价恶性竞争，部分企业依靠贴牌加工维持生存，总体呈现“散、小、弱”的状态，正面临着被国内啤酒巨头争相并购的局面。此时该标准的制定将有助于河南省啤酒工业整合过程中扶优抑劣、产业升级，促进行业健康发展。

（3）细化、完善、补充国家现行标准的需要

国家排放标准是依据全国平均发展水平制定的，是综合各地污染排放水平之后提出的一条基本线，是企业应达到的最低排放要求。但各地环境条件不同，经济发展水平不同，要有效减少污染物排放量，应根据各地环境容量和经济发展水平等情况，制定严于国家的地方排放标准。GB 19821—2005 实施已有四年多了，其间污染治理技术得到了较大发展，而河南省的水环境污染问题也需要更为严格地控制重点行业的水污染物排放。

该标准限值总体严于现行国家标准，增加了总氮控制因子和小麦芽生产的污染控制限值，是对现行标准的细化、完善和补充。

5.3.2 基本原则

（1）因地制宜原则

既要减排，又要发展，与经济、技术发展水平和河南省啤酒企业的承受能力相适应，具有科学性和可实施性，促进环境质量改善。

（2）扶优抑劣原则

按照省内先进水平企业能够达到的水平制定标准，促使中等水平企业努力提高、落后企业最终淘汰。新建企业以省内先进治理技术及管理水平为依据，努力达到国内先进水平；现有企业在一定时间内达到新建企业排放标准。

（3）一致性和可操作性原则

与其他相关环境标准相协调配套，标准应便于实施与监督。

（4）双重控制原则

充分考虑啤酒工业特征因子、环境主要污染因子、国家当前及规划重点控制因子，浓度控制与总量控制相结合。

（5）公众参与原则

以多种方式、多次广泛征求各部门领导、专家、企业意见、建议，融入标准

编制过程。

5.3.3 技术路线

详见图 5-7。

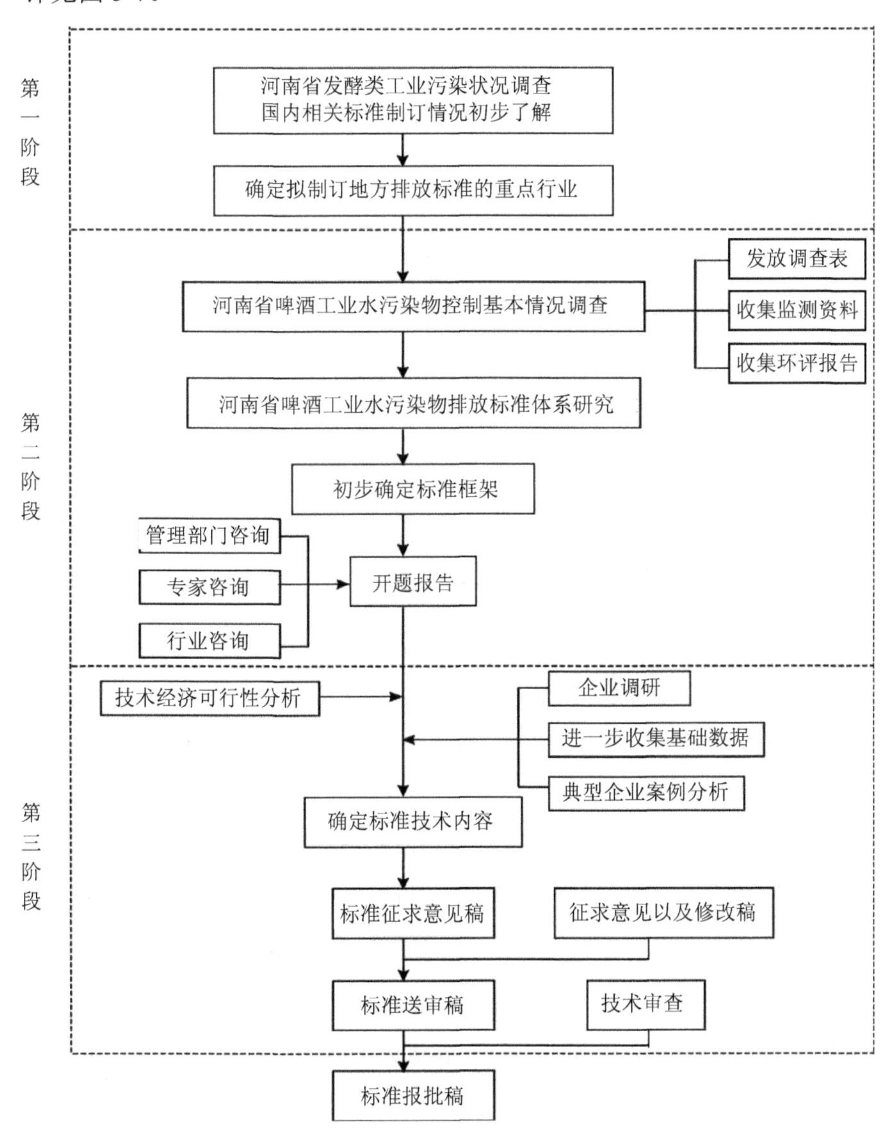

图 5-7 标准制定技术路线

5.4 标准主要技术内容

5.4.1 污染物项目的选择

河南省啤酒工业水污染物排放标准控制项目包括浓度控制指标和单位产品基准排水量。

（1）浓度控制指标

河南省啤酒生产通常是以大麦（或小麦）和大米为原料，辅以啤酒花和鲜酵母，经较长时间的发酵酿造而成。啤酒生产废水含有较高的COD_{Cr}、BOD_5、SS，少量的TP、TN和NH_3-N，以及一定的酸碱度。

国家现行标准将pH、COD_{Cr}、BOD_5、SS、NH_3-N、TP作为主要浓度控制项目。

企业在污水处理过程中，如果仅将氨氮转化成硝酸盐氮就排放到地表水体，并未降低TN含量，将造成水体富营养化等环境问题，故该标准增加TN控制项目。

该标准针对河南省啤酒工业水污染物的主要浓度控制项目为pH、COD_{Cr}、BOD_5、SS、NH_3-N、TP和TN。

（2）单位产品基准排水量

在国家现行标准中，除浓度控制指标外还包括对单位产品污染物排放量的控制，单位产品污染物排放量可由企业废水排放浓度和排水量换算得到。该标准考虑到企业排水量可由废水计量装置直接计量得到，更加直观、易考核；啤酒生产的装备水平、管理水平的不同会使啤酒废水产生量存在较大差异，故该标准中规定了单位产品基准排水量，不再规定单位产品污染物排放量。

5.4.2 污染物排放限值的确定

（1）啤酒企业水污染物排放标准值的确定

1）pH

国内外大多数污水排放标准及地方标准中，规定的 pH 排放限值均为 6～9。对企业实际处理情况的调查显示，各企业的出水平均 pH 都为 6～9。因此，该标准规定无论是现有企业、新建企业，废水 pH 排放限值均为 6～9。

2）化学需氧量（COD_{Cr}）

从重点污染源监督性监测数据、企业竣工环保验收监测数据及企业调查表整理数据统计情况来看（表 5-9），75%以上的企业 COD_{Cr} 在 80 mg/L 以下，42%以上的企业 COD_{Cr} 在 60 mg/L 以下。

表 5-9 COD_{Cr} 数据统计情况

监测值	企业比例/%		
	重点污染源监督性监测数据	验收监测数据	企业调查表数据
≤80 mg/L	100	86	75
≤60 mg/L	40	71	42
备注	重点污染源监督性监测数据、企业调查表数据均为排水直接进入地表水企业数据		

从 4 个啤酒企业 2010 年在线监测数据 COD_{Cr} 统计结果来看，出水 COD_{Cr} 基本可控制在 80 mg/L 以下，处理效果较好的企业基本可达到 60 mg/L 以下。从调研取得的部分企业自测数据来看：各企业处理后啤酒废水 COD_{Cr} 均值基本在 65 mg/L 以下。

该标准确定现有企业 COD_{Cr} 排放限值为 80 mg/L、新建企业 COD_{Cr} 排放限值为 60 mg/L。

3）生化需氧量（BOD_5）

各类数据中 BOD_5 情况汇总统计见表 5-10。综合各类数据，73%以上的企业

BOD_5在 20 mg/L 以下，45%以上的企业 BOD_5在 15 mg/L 以下。该标准确定现有企业 BOD_5排放限值为 20 mg/L、新建企业 BOD_5排放限值为 15 mg/L。

表 5-10 BOD_5数据统计情况

监测值	企业比例/%		
	重点污染源监督性监测数据	验收监测数据	企业调查表数据
≤20 mg/L	100	86	73
≤15 mg/L	40	86	45
备注	重点污染源监督性监测数据、企业调查表数据均为排水直接进入地表水企业数据		

在标准征求意见过程中，有意见提出应调查分析 COD、BOD 排放限值比例关系的合理性。

BOD/COD 是评价有机污染物可生化降解性的指标：BOD/COD＞0.45，废水可生化性好；BOD/COD 为 0.3～0.45，废水可生化性较好；BOD/COD 为 0.2～0.3，废水可生化性较差；BOD/COD＜0.2，废水不宜生化处理。

COD 由可生化降解部分和不可生化降解部分组成。生化处理主要降解可生化降解部分，化学处理主要降低不可生化降解部分。企业保证生化处理效果，严格控制 BOD，COD 相对稍宽松，可以适当减少后续化学处理药剂的投加量。

重点污染源监督性监测数据显示：29 组监测数据中有 20 组的 BOD/COD 接近或大于 0.25。调查其他标准来看：城镇污水处理厂一级 A 标准中 BOD/COD = 10：50=0.2；污水综合排放标准一级标准中其他企业应执行标准的 BOD/COD = 20：100 =0.2；国家现行啤酒标准 BOD/COD =20：80=0.25。

该标准中确定 BOD/COD =0.25。

4）悬浮物（SS）

各类数据中 SS 情况汇总统计见表 5-11。综合各类数据，69%以上的企业 SS 在 70 mg/L 以下，31%以上的企业 SS 在 50 mg/L 以下。该标准确定现有企业 SS 排放限值为 70 mg/L、新建企业 SS 排放限值为 50 mg/L。

表 5-11　SS 数据统计情况

监测值	企业比例/%		
	重点污染源监督性监测数据	验收监测数据	企业调查表数据
≤70 mg/L	100	71	69
≤50 mg/L	57	33	31
备注	重点污染源监督性监测数据、企业调查表数据均为排水直接进入地表水企业数据		

5）氨氮（NH_3-N）、总氮（TN）

各类数据中 NH_3-N 情况汇总统计见表 5-12。综合各类数据，73%以上的企业 NH_3-N 在 15 mg/L 以下，45%以上的企业 NH_3-N 在 8 mg/L 以下。

表 5-12　NH_3-N 数据统计情况

监测值	企业比例/%		
	重点污染源监督性监测数据	验收监测数据	企业调查表数据
≤15 mg/L	87.5	100	73
≤8 mg/L	62.5	100	45
备注	重点污染源监督性监测数据、企业调查表数据均为排水直接进入地表水企业数据		

河南省重点污染源监督性监测数据 TN 统计结果见表 5-5，全部企业各次监测 TN 均在 20 mg/L 以下，且 75%的企业低于 15 mg/L。

该标准确定现有企业 NH_3-N 排放限值为 15 mg/L，新建企业 NH_3-N 排放限值为 8 mg/L；现有企业 TN 排放限值为 20 mg/L，新建企业 TN 排放限值为 15 mg/L。

在标准征求意见过程中，有意见提出进一步降低氨氮、总氮排放限值。

啤酒废水脱氮分为三个过程：氨化反应（发生在厌氧阶段）、硝化反应（发生在好氧阶段）、反硝化反应（需要缺氧、好氧条件交替存在）。氨氮的降低是在好氧阶段实现的，要求 DO≥1 mg/L，15℃以下时，硝化反应速度下降，5℃时完全停止，处理效果受温度影响较大，冬季处理效果差。

目前河南省啤酒企业总氮指标基本可达到该标准要求，如果进一步降低，需增设反硝化设施，以 10 万 t/a 规模啤酒厂为例，其污水处理设施投资需再增加约

5 元/t 酒，运行成本再增加约 0.3 元/t 污水。

从该标准限值与相关标准对比（表 5-13）来看，该标准严于国家现行及正在修订啤酒标准，与城镇污水处理厂污染物排放标准一级 A 标准相当。

表 5-13 该标准与相关标准的对比

标准名称	该标准	国家现行标准	国家正在修订标准	城镇污水处理厂污染物排放标准一级 A 标准
氨氮/（mg/L）	8	15	10	5（8）*
总氮/（mg/L）	15	—	20	15

注：* 括号外数值为水温＞12℃时的控制指标，括号内数值为水温≤12℃时的控制指标。

河南省啤酒行业处于全国中等水平，如果制定比国家标准严格得多的标准，对河南省啤酒行业参与市场竞争可能会产生一定影响。

因此，我们认为该标准拟定氨氮、总氮排放限值不宜再进一步降低。

在标准征求意见过程中，还有意见提出应调查分析现有企业氨氮、总氮排放限值比例关系合理性。

相关资料显示：啤酒废水总氮中有机氮、氨氮、硝酸盐氮分别约占 88%、11%、1%。可见，处理前的啤酒废水总氮中氨氮比率不高。

啤酒废水处理多采用厌氧+好氧的二级生化处理。经厌氧处理后，啤酒废水中的有机氮将转化为氨氮，此时废水中的总氮将以氨氮为主。进入后续好氧处理单元后，将发生硝化反应，氨氮转化为硝酸盐氮，使氨氮降低。但在 15℃以下时，硝化反应速度下降，5℃时完全停止，将造成氨氮转化率大大降低，使处理后啤酒废水的总氮中氨氮比例较高。

调查其他标准显示：《城镇污水处理厂污染物排放标准》一级 B 标准中，氨氮 8（15）mg/L①、总氮 20 mg/L；《制糖工业水污染物排放标准》中，氨氮 15 mg/L、总氮 20 mg/L，与该标准现有企业氨氮、总氮排放限值相同。

① 括号外数值为水温＞12℃时的控制指标，括号内数值为水温≤12℃时的控制指标。

6）总磷（TP）

河南省重点污染源监督性监测数据 TP 统计结果见表 5-5，对于排水直接进入地表水体的企业，全部企业各次监测 TP 均在 2 mg/L 以下，且低于 1.0 mg/L。

从企业环保验收监测数据（表 5-6）来看，全部企业 TP 监测值均在 2 mg/L 以下，且 50%低于 1.0 mg/L。

本次标准回收的企业调查表统计结果显示：反馈 TP 排放数据的两家企业 TP 浓度均在 3 mg/L 以下，其中一家在 1.0 mg/L 以下。

该标准确定现有企业TP排放限值为2.0 mg/L、新建企业TP排放限值为1.0 mg/L。

（2）麦芽企业水污染物排放标准值的确定

标准编制组走访了欧麦（保定）麦芽厂，该企业麦芽生产能力 8 万 t/a，产品包括大麦芽、小麦芽，污水处理采用水解酸化+生物接触氧化工艺。据企业介绍，其进水水质 COD_{Cr}、BOD_5、SS 分别在 2 800 mg/L、1 400 mg/L、560 mg/L 以下，处理后，二沉池出水 COD_{Cr} 通常为 60～70 mg/L；大麦芽、小麦芽生产废水水质基本没有差异。

麦芽生产废水水质与啤酒生产废水水质相似、废水处理工艺相同，大麦芽、小麦芽生产废水水质基本无差异，国家现行标准中啤酒企业、麦芽企业水污染物排放浓度限值相同，该标准确定麦芽企业采用与啤酒企业相同的污染排放标准值。

（3）预处理标准标准值的确定

该标准中预处理标准按照以下原则设置：

不主张啤酒工业废水进入城镇生活污水处理厂，从而避免“鸠占鹊巢”，挤占公共社会资源。

鼓励位于工业园区或产业集聚区的啤酒企业，进入区域废水处理厂集中治污，实现区域污水处理设施的共建共享，发挥啤酒废水的调质作用。

针对排入城镇生活污水处理厂和排入区域废水处理厂的啤酒工业废水，该标准分别设置了预处理标准 A 和预处理标准 B。排入城镇生活污水处理厂的啤酒企业执行预处理标准 A，排入区域废水处理厂的啤酒企业执行预处理标准 B。

5.4.3 单位产品基准排水量的确定及制定依据

（1）啤酒企业单位产品基准排水量的确定

为促进啤酒行业清洁生产、有效控制污染排放总量，该标准高度重视啤酒生产废水排放量的控制，提出了啤酒企业单位产品基准排水量控制指标，并通过相关标准、要求调查，以发放调查表和实地调研等形式进行省内企业调查，外省先进企业调查，专家咨询会，社会征求意见及电话咨询相关部门等方式，综合确定啤酒企业单位产品基准排水量。

1）相关标准、要求调查

《清洁生产标准 啤酒制造业》（HJ/T 183—2006）中废水产生量指标为：一级标准≤4.5 m^3/kL 啤酒，二级标准≤6.5 m^3/kL 啤酒。其废水产生量仅指用于啤酒生产所产生的废水，不包括非生产用水。

2010 年工业和信息化部发布的《啤酒行业清洁生产技术推行方案》（工信部节〔2010〕104 号）中，提出“到 2012 年，在啤酒产量增长率保持年均 5%的前提下（产量达到 4 500 万 kL），啤酒工业主要消耗指标分别降低 2%以上，即……单位产品取水降低到 6.0 m^3/kL，……单位产品废水、污染物产生量和排放量降低 5%，在啤酒产量增长率不超过 5%的前提下，做到增产减污，单位产品废水产生量降低到 4.3 m^3/kL，单位产品 COD 产生量降低到 9.0 kg/kL，单位产品 BOD 产生量降低到 5.5 kg/kL，单位产品基准排水量降低到 3.8 m^3/kL，即啤酒工业废水年排放总量不超过 2.1 亿 t，少产生 COD 1.5 万 t；少产生 BOD 6 000 t；减排 COD 3 000 t；减排 BOD 3 000 t。”

河南省地方标准《用水定额》（DB 41/T 385—2009）中规定啤酒行业取水定额为 6 m^3/t。

2）省内企业调查

据调查，河南省啤酒企业单位产品取水量基本为 5～14 m^3/kL，平均 7.0 m^3/kL；单位产品排水量基本为 3.8～12 m^3/kL，平均 6.39 m^3/kL，约 60%的企业单位产品排水量≤6.5 m^3/kL，约 30%的企业单位产品排水量≤5 m^3/kL。各企业取水量高低与其装备水平、管理水平密切相关。

3）外省先进企业调查

国内某厂整套引进德国、法国先进的生产设备，是目前国内设备配置优良、自动化水平较高、控制手段较为先进的现代化啤酒生产企业之一，设计规模 45 万 kL/a，2009 年实际产量 41.3 万 kL/a。该厂基本采用新瓶灌装，实施严格的无水管理制度，从源头控制废水产生量，其废水排放量（包括生产废水、生活污水）为 3.87 m^3/kL。

4）专家咨询会

专家咨询会上，各方代表就啤酒企业单位产品基准排水量问题进行了热烈讨论。专家普遍认为河南省啤酒企业很难做到单位产品排水量≤3.8 m^3/kL；行业协会和企业代表也明确表示河南省啤酒行业现状水平不高，受资金、场地等的影响，企业改造难度大，很难达到要求。部分代表认为啤酒行业近年发展很快，工业和信息化部提出的清洁生产推行方案是企业应努力的方向。

5）典型企业深入调查

专家咨询会后，标准编制组就啤酒企业单位产品基准排水量问题走访相关企业进一步了解情况。河南省某啤酒厂自 2004 年以来实施了煮沸锅二次蒸汽回收、冷却水回收利用、高浓稀释酿酒、麦汁压滤、CIP 清洗水回收利用、洗瓶机改造等一系列工艺、设备改造，投资约 4 000 万元，同时企业制定并实施了较为严格的用水指标考核制度。2004 年企业用水量约 10 m^3/kL，2009 年用水量降低到 5.1 m^3/kL，其排水量为 3.8 m^3/kL。

6）电话咨询相关部门

电话咨询工业和信息化部了解到，《啤酒行业清洁生产技术推行方案》为推荐性文件，该方案中的废水排放量指标仅包括生产排水，而在该标准中废水排放量除生产废水外，还包括生活污水。

河南省啤酒企业与国内先进企业相比，装备水平、管理水平尚有较大差距。

啤酒厂灌装车间排水大致占全厂总排水量的 60%，河南省啤酒厂基本采用回收瓶，且旧瓶回收周期长、清洗难度大，灌装洗瓶用、排水量高。综合考虑国家及河南省相关要求、河南省啤酒行业实际状况，该标准提出现有企业废水排放量不高于 6.5 m^3/kL、新建企业废水排放量不高于 5 m^3/kL。

（2）麦芽企业单位产品基准排水量的确定

国内某厂采用萨拉丁式制麦系统，选麦采用塔式多层精选和进口筛选设备，采用喷雾浸麦，在浸麦、发芽等工段采用 PLC 自动化控制，整个系统耗水排水量低，每吨麦芽耗水不到 3 t，其中浸麦水和部分循环水回收用作发芽床和车间的清洗水，每吨麦芽排放废水 2 t 左右。

从河南省麦芽企业的调查情况看，河南省除个别企业采用喷雾浸麦外，其他均还在采用耗水量、废水产生量较大的浸断法，但不少企业也在计划实施改造。某麦芽厂实施喷雾浸麦改造后，企业用水量由原来的 7 t/t 麦芽降低到 5 t/t 麦芽，废水排放量降低到 4 t/t 麦芽。但与欧麦相比，河南省麦芽企业经过简单选麦后，麦芽即被送往洗麦工序，浸麦、发芽等工段自动化控制程度低，也是造成生产排水量较大的原因。

根据国家现行标准折算，麦芽企业达到污染物浓度标准值的情况下，排水量控制在 5 t/t 麦芽以下，方可达到单位产品污染物排放量要求。

因此，综合考虑河南省麦芽企业实际状况，该标准确定现有麦芽企业单位产品基准排水量为 5 t/t 麦芽，新建企业单位产品基准排水量为 4 t/t 麦芽。

6 铅冶炼工业污染物排放标准

6.1 标准工作简介

6.1.1 工作背景

随着我国工业化进程的加快，重金属污染危害逐步显现，污染事件频发，特别是铅、铬、镉、汞等重金属污染日益凸显，引起了社会的广泛关注。2009 年以来，陕西凤翔、湖南武冈、云南昆明东川区相继发生“血铅超标”事件，引起社会广泛关注。目前污染事件虽得到了妥善处置，但由于长期累积、治理滞后，我国正面临着重金属污染问题密集暴发的严重威胁。环境保护部也加大了重金属污染治理的力度，并会同国家有关部委编制了《重金属污染综合整治实施方案》《重金属污染综合防治“十二五”规划》，同时也将制定重金属污染物排放标准作为重要举措之一。已颁布铜、钴、镍、铅、锌等多项重金属污染物排放标准。国务院于 2011 年 2 月 9 日对《重金属污染综合防治“十二五”规划》进行了批复（国函〔2011〕13 号）。

河南省作为能源和原材料生产大省，有色金属工业是河南省的支柱产业之一，铅产量连续八年位居全国第一位，2009 年精铅产量 119.2 万 t，占全国总产量的 32.2%。自 20 世纪 90 年代末以来，河南省以结构调整为动力，将促进产业技术升级和环境污染整治作为重要的战略任务来抓。2005 年以来，河南省新建铅冶炼项目必须采用先进的富氧底吹强化熔炼法等生产效率高、能耗低、环保达标、资源综合利用效果好的先进炼铅工艺和两转两吸制酸系统，较我国《铅锌行业准入条件》的要求提前了 2 年。但由于长期生产过程中污染排放造成累积影响，特别是一些铅冶炼企业比较集中的地区，环境空气、土壤、地表水和地下水均受到了不同程度的污染，2009 年河南省济源市也出现了“血铅超标”事件。河南省委、省政府始终高度重视这一问题，积极落实环境保护部 2009 年 9 月召开的全国重金属污染防治工作会议精神，在全省范围内全面开展重金属污染防治工作。

河南省环境保护厅积极落实环境保护部、河南省委省政府关于重金属污染防治工作的有关要求，2009 年开展了涉重金属企业环境专项整治工作，将制定河南省重金属行业的污染物排放标准作为重金属污染防治的主要措施之一，并将组织编制、实施铅冶炼工业污染物排放标准列入了 2010 年重点环保工作之一。

6.1.2 工作过程

按照河南省环境保护厅统一安排，河南省铅冶炼工业污染物排放标准编制工作由河南省环境保护厅科技标准处组织，河南省环境保护科学研究院承担。2009 年 8 月河南省环境保护科学研究院组织有关单位开展了标准制定的前期调研工作，并于 2010 年 3 月完成了该标准的开题报告，河南省环境保护厅科技标准处于 2010 年 3 月组织有关单位及专家对开题报告进行了审查。编制组按照评审会会议纪要，在查阅大量资料、汇总分析有关数据，并与有关技术单位及部门进行了多次讨论和交流的基础上，于 2010 年 4 月完成了标准的征求意见稿，向相关单位进行了意见征求。河南省环境保护厅于 2010 年 6 月 2 日召开了专家技术审议会。编制组汇总分析了各方面反馈的意见，并根据审议会专家意见对标准征求意见稿进行了完善。河南省环境保护厅于 2010 年 9 月征求了环境保护部科技标准司的意见。编制组在认真分析和采纳各方面意见的基础上，对标准与编制说明进行了修改和完善。

2010 年 11 月 5 日，河南省质量技术监督局、河南省环境保护厅共同主持召开了标准审定会议，与会专家一致通过了标准审定，形成了会议纪要，提出了修改意见。编制组根据专家意见和要求，对标准与编制说明进行了修改完善，完成了标准的报批稿。

2011 年 11 月，河南省人民政府批准标准发布实施。2013 年 1 月，标准开始实施。

6.2 河南省铅工业现状及其发展趋势

（1）产能产量持续增长

2002 年以来，河南省电解铅产量连续保持全国第一位。2008 年年底，全省规模以上电解铅生产企业 43 家，生产能力 200 万 t；其中 9 家粗铅生产企业，粗铅生产能力 103 万 t。2009 年，河南省精铅产量 119.23 万 t，占全国精铅总产量 370.2 万 t 的 32.20%。

（2）自主创新，引领产业发展

河南省构建了以企业为主体、产学研用相结合的科技创新体系，组建了河南省铅锌冶炼工程技术中心。与中国恩菲工程技术有限公司、中南大学、长沙有色冶金设计研究院、北京矿冶总院等单位建立了良好的合作关系，共同开发了非稳态二氧化硫制酸工艺、氧气底吹熔炼—鼓风炉还原炼铅工艺、铅阳极泥全湿法回收工艺、富氧底吹—液态高铅渣直接还原工艺等铅冶炼行业工艺关键技术，对促进铅冶炼行业工艺技术升级，引领产业发展起到积极作用。

（3）淘汰落后产能，产业集中度有所提高

2005 年，河南省规模以上电解铅生产企业 68 家，经过淘汰落后、产业整合，减少了 25 家，截至 2009 年，河南省规模以上电解铅生产企业 43 家，平均产量 2.77 万 t，产业集中度有所提高。同期全国规模以上电解铅生产企业平均产量为 0.92 万 t。2008 年原铅生产企业排名世界前 10 位的企业中河南省豫光金铅、济源金利分别排名第二、第三位。

根据河南省有色金属行业协会统计数据，河南省铅生产企业的分布为济源市23家、洛阳市5家、安阳市4家、三门峡灵宝市3家、开封市4家、焦作市3家。铅产量分布情况见图6-1。

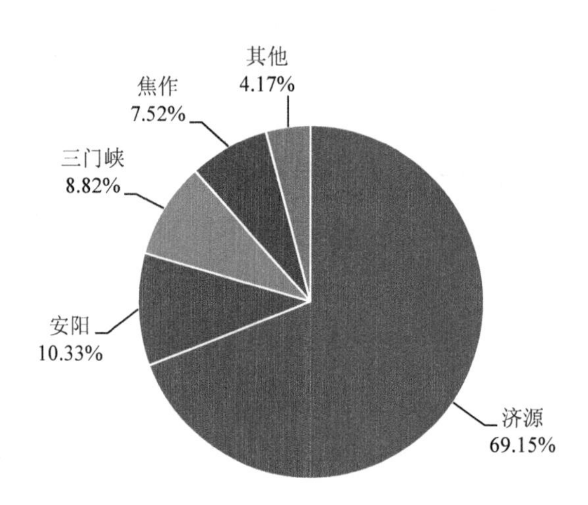

图6-1 河南省铅产量分布情况

（4）河南省铅工业发展趋势

2005年以来，河南省要求新建铅冶炼项目必须采用先进的氧气底吹强化熔炼法等生产效率高、能耗低、环保达标、资源综合利用效果好的先进炼铅工艺和两转两吸制酸系统，较我国《铅锌行业准入条件》的要求提前了两年。

河南省铅工业正处于转型升级的关键时期，按照《河南省有色金属行业振兴调整规划》的要求，必须坚持技术进步，深化产业布局与结构调整，优化产品结构；坚持控制铅生产总量，围绕降低资源、能源消耗，减少污染物排放、发展循环经济。严格执行国家产业准入标准、坚持超前淘汰落后产能，逐步淘汰能耗高、污染重的烧结机铅冶炼产能，保持河南省铅工业在国内的领先地位。

根据调研河南省9家粗铅冶炼企业，豫光金铅与长沙有色冶金设计研究院、济源金利与中国恩菲工程技术有限公司分别开发的富氧底吹—液态渣直接还原铅冶炼技术，均已成功进行了工业化试验，产业化项目已投入试生产。

6.3 标准主要技术内容

6.3.1 标准制定的技术依据

（1）工艺依据

当前河南省主流的铅冶炼工艺是直接炼铅法和烧结—鼓风炉炼铅。新标准要符合铅工业发展的方向，以先进的铅冶炼生产工艺为依据，按先进工艺的排污水平来制定铅污染物排放标准，以此来推动河南省铅冶炼工艺的发展和环保治理水平的提高。鉴于直接炼铅法已成为今后河南省大力发展的炼铅主导工艺，必然继续在铅冶炼行业中占据应有的地位，因此，该标准的制订将以直接炼铅法的污染治理技术和产、排污水平作为主要依据，以促进河南省铅冶炼企业进行技术改造和采取更为有效的污染治理技术。

（2）标准执行时段的规定

《铅、锌工业污染物排放标准》（GB 25466—2010）于 2010 年 10 月 1 日起实施，按照现有企业、新建企业分时段提出了污染物排放控制标准，为更好地与国家标准衔接，避免执行时段冲突和企业环保设施改造重复投资，同时考虑河南省铅冶炼企业污染物排放从严要求的需要，该标准不分时段执行。该标准实施之日前所有建成投产或环境影响评价报告书已通过审批的企业执行现行国家标准，自该标准实施之日起所有铅冶炼企业均执行该标准。

（3）污染物排放限值确定依据

该标准中涉及的标准值有排放浓度、吨产品污染物排放量、基准排水量。

该标准污染物排放限值确定的主要依据为：①河南省现有铅冶炼企业各排污环节的实测数据；②根据该行业装备水平和污染控制技术所能达到的效果；③企

业采用了较先进技术所能达到的水平；④SO_2、COD 作为国家总量控制指标，该标准依据采用较清洁的能源和先进的控制技术水平可达到的效果，对其进行了较严格的控制；⑤为了防止企业废水、废气稀释排放，标准中增加了单位产品基准排水量和吨产品大气污染物排放量的控制指标。

6.3.2 污染治理技术

（1）废气污染治理技术

铅冶炼厂的废气治理主要是针对颗粒物、Pb 和 SO_2 的去除，炉窑烟气净化、烟气制酸和烟气脱硫是铅冶炼废气治理的重点。

1）炉窑烟气净化

烟气净化分干式、湿式两类。目前，铅冶炼企业 90%以上含尘烟气都采用干式净化。常用的干式净化设备有降尘室、旋风除尘器、布袋收尘器和电除尘器等，可以单独使用，也可以组合使用。河南省铅冶炼中的炉窑绝大多数采用干式净化，如烧结机、还原鼓风炉、直接炼铅炉、直接还原炉、烟化炉、反射炉等一般采用旋风除尘器与布袋除尘器的组合进行净化。

湿式净化适用于净化含湿量大的含尘烟气。河南省铅冶炼烟气治理中使用较少，只有部分工序配合布袋除尘器组合使用。目前河南省铅冶炼烟气净化采用的典型流程见表 6-1。

表 6-1 河南省铅冶炼烟气净化典型流程

生产工序	含尘量（标况）/（g/m^3）	净化流程
备料系统	5～8	烟气→布袋收尘器→风机→烟囱
鼓风烧结机	28～45	烟气→旋风收尘器→电除尘器→制酸→尾气脱硫→风机→烟囱
氧气底吹炼铅炉	160～280	烟气→余热锅炉→电除尘器→制酸→尾气脱硫→风机→烟囱
炼铅鼓风炉	12～25	烟气→表面冷却器→布袋收尘器→烟气脱硫→风机→烟囱

生产工序	含尘量（标况）/（g/m³）	净化流程
直接还原炉	15～30	烟气→余热锅炉→布袋收尘器→风机→烟囱
烟化炉	50～80	烟气→表面冷却器→布袋收尘器→烟气脱硫→风机→烟囱
浮渣反射炉	4～8	烟气→表面冷却器→布袋收尘器→风机→烟囱
电解熔铅锅	4～8	烟气→布袋收尘器→湿式除尘→风机→烟囱

可以看出，目前河南省铅冶炼中各类烟气基本上均采用布袋收尘器或电除尘器，布袋收尘器由于其抗高温性能较差，一般需在其前设置余热锅炉或冷却装置对烟气进行降温。目前，在布袋收尘器的设计和生产上，存在一些新型过滤材料，采用这些材料生产的布袋收尘器，弥补了传统布袋的一些不足，如容易破损、耐高温性能差、处理低露点烟气和黏度大烟尘的难度较大等。

2）烟气制酸和脱硫

铅冶炼烟气中的气态污染物主要是 SO_2。由于原料、工艺不同，烟气中 SO_2 含量差别很大，可根据烟气中 SO_2 含量的差异，采取不同的烟气脱硫措施，当烟气中 SO_2 含量大于 3%时，可采用接触法进行制酸回收 SO_2，当烟气中 SO_2 含量小于 3%时，可采用脱硫或回收 SO_2 设施去除 SO_2。

据调查，河南省直接炼铅炉烟气 SO_2 含量在 8%以上，均采用两转两吸制酸，其工艺流程见图 6-2。鼓风烧结烟气 SO_2 浓度一般在 3%～5%，采用一转一吸或非稳态制酸工艺，制酸尾气 SO_2 排放浓度难以达标。

制酸尾气、炼铅鼓风炉、烟化炉、反射炉等炉窑出口烟气 SO_2 含量虽大多在 1%以下，但 SO_2 浓度仍远远超出排放标准。根据河南省环境综合整治及污染物总量减排的要求，目前河南省对该类烟气均配备脱硫设施。采用的主要脱硫工艺有钠碱法、双碱法、氧化锌法等。

（2）废水污染治理技术

铅冶炼工业外排的废水中含有铅、镉、汞、砷、镍等重金属污染物，成分较为复杂，水质多呈酸性，对环境污染重。其处理方式可分为两大类：

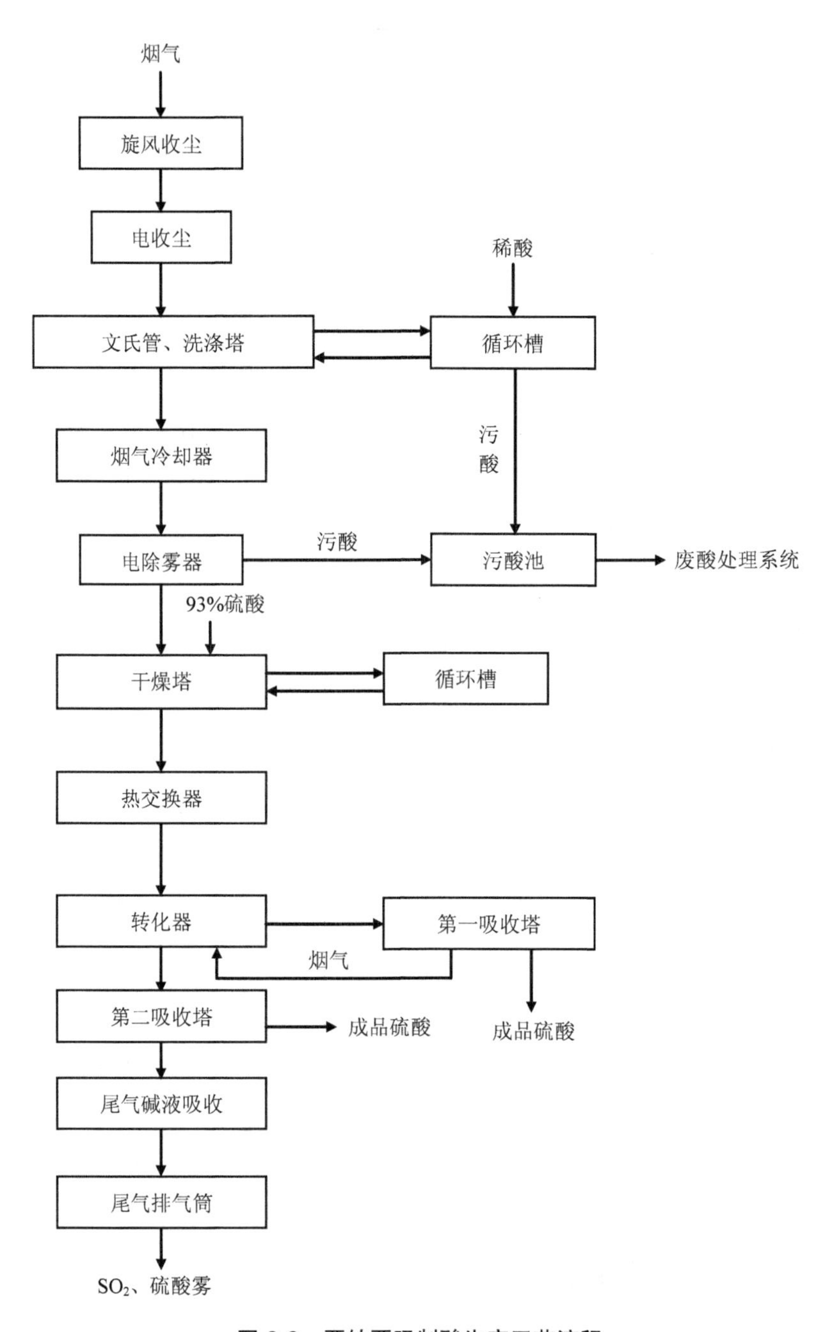

图 6-2 两转两吸制酸生产工艺流程

第一类，使污水中呈溶解状态的重金属转变为不溶的重金属化合物，经沉淀或上浮法从污水中去除。具体方法有中和法、硫化法、还原法、氧化法、离子交换法、离子浮上法、活性炭法、铁氧体法、电解法和隔膜电解法等。

第二类，将污水中的重金属在不改变其化学形态的条件下进行浓缩和分离，主要有反渗透法、电渗析法、蒸发浓缩法等。

目前河南省铅冶炼企业应用最为普遍的依然是氢氧化物沉淀法（主要采用氢氧化钙），其工艺流程见图 6-3。氢氧化物沉淀法处理重金属污水具有流程简单、处理效果好、操作管理便利、处理成本低的特点。但采用氢氧化钙时，也存在渣量大、含水率高、脱水困难等缺点。另外，两性金属氢氧化物在高 pH 时能生成羟基络合物，出现返溶现象，使污水中金属离子浓度再次升高。因此，氢氧化物沉淀法处理重金属污水对 pH 调整、控制要求较高，理论计算得到的 pH 只能作为参考，污水处理最佳 pH 及碱性沉淀剂投加量应根据试验确定。

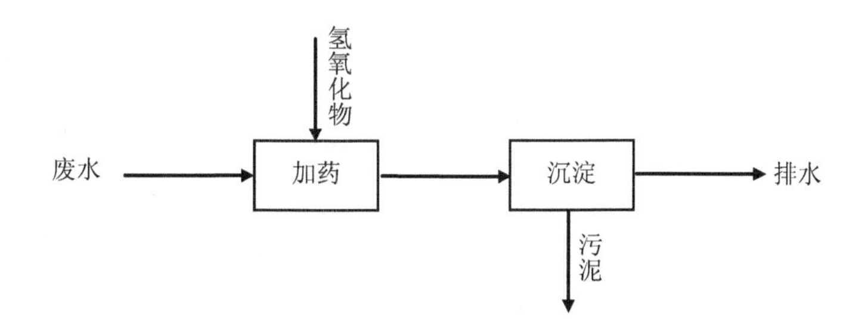

图 6-3 氢氧化物沉淀法工艺流程

相比来说，硫化法比石灰中和法更为有效，且具有渣量小、易脱水、沉渣金属品位高、利于回收等优点。但其缺点是硫化钠价格较高、处理过程中会产生硫化氢气体、处理后出水硫离子超标需进一步处理、生成的金属硫化物非常细小难以沉降等。在有良好的沉淀设备条件下，其净化效果是显著的。国外一般在硫化法工艺后设铁盐沉淀去除水中的硫离子。

铁氧体法处理含重金属污水效果好，处理范围广，可一次除去污水中多种重金属离子，沉淀物具磁性且颗粒较大，容易分离，投资省，沉渣量少，且产物化学性质比较稳定无返溶现象。该法的主要缺点是铁氧体沉淀颗粒的成长及反应过程需要通空气氧化，且反应温度要求在60～80℃，污水升温耗能过高。目前一种Galva-nictrea法（以下简称GT铁氧体法）克服了传统的需升温和鼓风才能完成氧化过程的缺点，能在常温、不通氧的情况下形成稳定的铁氧体。

反渗透法、电渗析法、蒸发浓缩法一般用于处理重金属浓度较高的废水，处理后水质较好，部分废水可以回用于生产过程。但该类工艺的缺点是运行成本较高，目前河南省尚没有企业采用该类工艺。

6.3.3 大气污染物排放限值的确定

在《铅、锌工业污染物排放标准》（GB 25466—2010）实施前，我国铅冶炼工业的外排废气中，除制酸尾气执行《大气污染物综合排放标准》（GB 16297—1996）外，其他炉窑烟气基本上均执行《工业炉窑大气污染物排放标准》（GB 9078—1996）。《大气污染物综合排放标准》中与铅冶炼工业制酸尾气相关的只有二氧化硫与硫酸雾；《工业炉窑大气污染物排放标准》中与铅冶炼工业相关的包括烟尘、二氧化硫、铅。铅虽然依附于颗粒物，但由于其易引发职业病或污染事故，应严格控制其排放，因此，该标准将颗粒物（烟尘、粉尘）、SO_2、硫酸雾、铅及其化合物、汞及其化合物作为废气排放的控制污染物，其控制标准值采用污染物排放浓度限值的形式。

（1）颗粒物

铅冶炼分为粗铅冶炼和电解精炼两个过程，不同过程所产生废气中的颗粒物差别较明显。粗铅冶炼废气中的颗粒物主要是各种熔炼以及综合回收炉窑产生的挥发性烟尘，主要成分为各类重金属的氧化物，其出口烟气含尘浓度较高，可达数克到数十克每立方米；铅精炼废气中的颗粒物则主要是铅熔化所产生的蒸气冷凝形成的铅烟，颗粒微细，对人体危害性较大，而其产生浓度一般在1 000 mg/m^{3}以下。因此，该标准中铅冶炼不同工序产生的颗粒物将分别执行各自的标准值。

1）现状调查情况

为做好标准的编制工作，标准编制组进行了实地调查和调查表形式的调查，同时，对部分企业验收监测数据进行了统计，统计、调查结果见表 6-2、表 6-3。

表 6-2　河南省部分企业验收监测数据统计

污染物	污染源	平均值/（mg/m^3）	样本数/个	验收执行标准/（mg/m^3）
颗粒物	备料系统	34.1	4	120
	制酸尾气	38.2	4	100
	粗铅还原炉	6.9	4	100
	烟化炉	15.5	4	100
	铅浮渣反射炉	18.6	4	100
	铅精炼	8.8	4	100

表 6-3　河南省主要铅冶炼企业污染物排放调查结果

污染物	污染源	平均值/（mg/m^3）	样本数/个	国家标准（现有企业）/（mg/m^3）
颗粒物	备料系统	52.6	6	100
	制酸尾气	56.8	7	100
	粗铅还原炉	79.8	6	100
	烟化炉	53.6	5	100
	铅浮渣反射炉	58.6	4	100
	铅精炼	51.4	7	100

本次调查收集到铅冶炼企业各工序颗粒物排放样本 35 个，排放浓度 2.0～103.0 mg/m^3。其中排放浓度小于 30 mg/m^3 的企业有 10 个，占 28.6%；排放浓度 30～50 mg/m^3 的有 23 个，占 65.7%；排放浓度大于 50 mg/m^3 的有 2 个，占 5.7%。调查样本中均采用布袋或布袋与其他措施组合净化。

2）标准值的确定及达标的技术可行性

目前河南省铅冶炼企业各工序颗粒物排放浓度（标准）基本能满足 100 mg/m^3 的现有企业排放标准要求，大部分企业小于 60 mg/m^3，部分企业小于 30 mg/m^3。为促使企业采用先进的工艺技术装备和新型除尘技术及高效率、性能优良的新型布袋、进一步削减排污总量，将备料转运系统颗粒物排放限值定为 40 mg/m^3、电解精炼系统颗粒物排放限值定为 20 mg/m^3、其他颗粒物排放限值定为 30 mg/m^3。

目前，河南省铅冶炼企业颗粒物的治理基本采用布袋净化或旋风+布袋收尘、布袋+湿式除尘的组合形式进行净化，经统计，河南省铅冶炼企业中颗粒物排放浓度按该标准排放限值达标率为 25.5%～67%，根据调查分析，在采取现有污染治理技术的基础上，及时更换滤袋、加强管理、稳定炉窑工矿、部分工序采用新型布袋等综合治理措施，外排颗粒物能够满足该标准的排放限值要求。

（2）二氧化硫

铅冶炼工业废气中的 SO_2 主要有两个来源：一是精矿含硫，二是燃料含硫。因此，铅冶炼工业的 SO_2 排放基本上都是来自各种工业炉窑外排的烟气。各冶炼炉窑所用燃料及出口烟气中 SO_2 含量见表 6-4。

表 6-4 冶炼炉窑所用燃料及出口烟气中 SO_2 含量

炉窑	燃料	烟气中 SO_2 含量/%	去向
鼓风烧结机	自热	3～5	制酸
氧气底吹炼铅炉	自热	8～12	制酸
炼铅鼓风炉	焦炭	0.05～0.5	排空
直接还原炉	煤气、焦粒	少量	排空
烟化炉	粉煤	0.02	排空
浮渣反射炉	重油或烟煤	<0.5	排空
电解熔铅锅	烟煤、煤气	少量	排空

铅冶炼中，烧结烟气、氧气低吹炼铅炉烟气 SO_2 含量高，在 3%以上，为高浓度 SO_2 烟气，可制酸回收硫，制酸后外排的废气即制酸尾气。其他低浓度含 SO_2 废气基本上均是处理后排放。

1）制酸尾气

①现状调查情况。

本次企业排污调查收集到 5 台铅烧结机、7 台氧气底吹炉的运行资料。除铅烧结机烟气采用非稳态制酸外，其余氧气底吹炉烟气均采用两转两吸制酸，大部分企业制酸尾气采取了进一步脱硫措施，烧结机烟气制酸尾气脱硫后的 SO_2 排放浓度为 80～492 mg/m^3，氧气底吹炉烟气制酸尾气脱硫后的 SO_2 排放浓度均小于 275 mg/m^3，其中大部分企业 SO_2 排放浓度小于 250 mg/m^3，均能满足国家标准现有企业排放限值要求。

②标准值的确定及达标的技术可行性。

当前，国家及河南省对铅冶炼工业新建项目和已有项目的准入条件和环保要求越来越高，同时，铅冶炼工艺和烟气制酸技术也日趋成熟，先进的冶炼工艺和制酸技术越来越多地被采用，根据调查统计分析，12 个样本中，9 个样本 SO_2 排放浓度小于 250 mg/m^3，因此，根据河南省综合整治实际和污染物减排要求，该标准将熔炼系统制酸尾气 SO_2 的排放浓度限值定为 250 mg/m^3。

目前河南省铅冶炼烟气制酸工艺包括非稳态制酸、两转两吸制酸等。

铅烧结机由于烟气 SO_2 含量相对较低，河南省基本采用非稳态制酸工艺。该工艺对烟气浓度波动的适应性较强，低浓度转化可以实现自热平衡，但转化率较低，只有 90%左右，且硫酸产品质量较差，制酸尾气 SO_2 浓度高（1 200 mg/m^3 左右），制酸尾气必须采取脱硫措施，SO_2 浓度才能达到 250 mg/m^3 的要求。

直接炼铅炉烟气量相对较少，完全可以采用两转两吸制酸，同时可以采用三次转化，以提高转化率，制酸尾气中 SO_2 浓度低于 600 mg/m^3，采取脱硫措施后外排废气中 SO_2 浓度可稳定达到 250 mg/m^3 以下。

河南省烧结机炼铅数量少，且不符合河南省铅工业发展的要求，将被逐步淘汰，河南省铅工业将形成以直接炼铅炉为主的工业格局，制酸尾气脱硫后 SO_2 的排放浓度完全可控制在 250 mg/m^3 以下。

经统计，河南省现有铅冶炼企业 SO_2 排放浓度与该标准排放限值对照的达标率为 63.3%。根据以上分析，只要加强制酸系统的管理，确保转化、吸收效率，并通过制酸尾气脱硫可使其浓度降到 250 mg/m^3 以下。因此，企业通过采取一定措施达到 250 mg/m^3 的标准限值是可行的。

2）其他 SO_2 烟气

铅冶炼工业中除制酸尾气外，外排的含 SO_2 废气主要是各类冶炼工业炉窑外排的炉窑烟气，即各种低浓度 SO_2 烟气。

①现状调查情况。

本次调查收集到其他工业炉窑 SO_2 排放样本 26 个，包括 2 个直接还原炉样本、8 个炼铅鼓风炉样本、1 个挥发窑样本、7 个烟化炉样本、4 个反射炉样本及 4 个熔铅锅样本，其中直接还原炉烟气 SO_2 排放浓度为 37～144 mg/m^3、鼓风炉烟气 SO_2 排放浓度为 55～845 mg/m^3、挥发窑烟气 SO_2 排放浓度为 208～214 mg/m^3、烟化炉烟气 SO_2 排放浓度为 17～840 mg/m^3、反射炉烟气 SO_2 排放浓度≤835 mg/m^3、熔铅锅烟气 SO_2 排放浓度≤280 mg/m^3，大部分企业采取了烟气脱硫措施，部分企业燃料采用煤气等清洁能源。

②标准值的确定及达标的技术可行性。

考虑到现有企业大部分已经采取了烟气脱硫措施、部分企业燃料采用煤气等清洁能源的实际，将所有污染源 SO_2 排放限值定为 250 mg/m^3，这样，大多数现有企业不需改造即可达标，少数企业进行适当改造后可符合要求。通过相对严格的排放标准，促使现有企业采取脱硫措施和使用清洁能源，促使新建企业采用直接还原炉工艺、烟气脱硫措施和使用清洁能源，全面削减 SO_2 排放量。

河南省铅冶炼企业通过综合整治，各类工业炉窑烟气基本上采取了石灰石/石灰法、钠碱法、双碱法、氧化锌法等脱硫措施，同时，部分工业炉窑燃料采用了清洁能源，外排烟气中 SO_2 排放浓度基本可达到 250 mg/m^3 以下，但进一步降低 SO_2 排放浓度存在困难，脱硫设施建设投资、运营成本将显著提高，不利于经济社会协调发展，生产企业难以承受。因此，河南省铅冶炼企业各类工业炉窑烟气中 SO_2 排放浓度限值的确定技术经济是可行的。

（3）硫酸雾

铅冶炼企业中排入空气中的硫酸雾均来自烟气制酸工序。目前河南省直接炼铅炉出口烟气 SO_2 含量一般可达到 8%以上，两转两吸制酸转化率为 99.5%～

99.7%，SO_3 总吸收率可达到 99.98%，经调查，河南省非稳态制酸尾气经脱硫后硫酸雾排放浓度在 43 mg/m^3 以下，两转两吸制酸尾气经脱硫后硫酸雾排放浓度在 35 mg/m^3 以下，部分企业采取三次转化，即增加一级电除雾器进行除雾处理，提高 SO_2 转化率，经监测尾气中硫酸雾浓度可稳定在 20 mg/m^3 以下，因此该标准将“硫酸雾”排放限值定为 20 mg/m^3。

（4）铅及其化合物

铅冶炼企业从原料到产品的所有工序均产生和排放含铅的污染物，不同工序铅的存在形式不同，原料中铅主要以硫化物的形式存在，电解精炼主要以铅金属的形式存在，其他工序主要以铅的氧化物形式存在，铅存在的形态不同，其毒性也不同，铅金属毒性大，其他形态毒性相对较小。铅对环境的污染，特别是对人体健康的影响，不仅仅是通过大气途径，还有土壤、水体、农作物等其他多种途径，因此，要求铅冶炼企业既要严格控制毒性大环节的排铅量，也要控制好毒性小环节的排铅量；河南省大部分铅冶炼企业采用布袋+湿式净化方式净化含铅颗粒物，本次调查收集了 22 个样本，铅排放浓度为 0.58～9.8 mg/m^3。

因此，所有污染源铅及其化合物浓度确定为备料转运系统 8 mg/m^3、电解精炼系统 4 mg/m^3、其他工序 5 mg/m^3。

（5）汞及其化合物

由于本次调查没有收集到“汞及其化合物”的监测数据，因此该标准的“汞及其化合物”排放标准限值参考国家的《铅、锌工业污染物排放标准》（GB 25466—2010）中表 5 给出的排放浓度限值，即 0.05 mg/m^3。

（6）企业边界大气污染物浓度限值

企业边界大气污染物浓度限值主要是用来限制企业的无组织排放。铅冶炼工业无组织排放源存在点多面广、分布不规则的特点，主要污染物是含重金属的颗粒物、SO_2、硫酸雾等。该标准参照《大气污染物综合排放标准》（GB 16297—1996）的控制方法，对企业边界污染物浓度进行控制，边界监控点的设置参照 GB 16297—1996 规定的设置方法，控制污染物为颗粒物、SO_2、硫酸雾、铅及其化合物、汞及其化合物。

该标准中 SO_2 的企业边界浓度限值取 GB 3095—1996 中 1 小时浓度限值二级标准值，颗粒物与铅的企业边界浓度限值则采用 GB 16297—1996 中的无组织排放监控浓度限值，硫酸雾的企业周界浓度限值结合居住区大气中有害物质的最高容许浓度一次值，铅及其化合物的企业边界浓度限值参照 GB 16297—1996 中的无组织排放监控限值，汞及其化合物的企业边界浓度限值则参照国家的《铅、锌工业污染物排放标准》（GB 25466—2010）确定，如表 6-5 所示。

表 6-5　企业边界大气污染物浓度限值　　单位：mg/m^3

序号	污染物项目	最高浓度限值
1	二氧化硫	0.5
2	总悬浮颗粒物	0.8
3	硫酸雾	0.3
4	铅及其化合物	0.006
5	汞及其化合物	0.000 3

（7）吨产品污染物排放量限值的确定

该标准制定吨产品污染物排放量的目的主要是实现污染物浓度和总量的双重控制，避免或防范生产企业为实现污染物浓度达标排放而采取稀释排放。标准中吨产品污染物排放量限值是通过调查河南省主要铅冶炼企业不同工序的排气量、污染物最高允许排放浓度等综合分析后确定的。

6.3.4　水污染物排放限值的确定

由于河南省大部分河流属季节性河流，水体稀释自净能力较差，从地表水常规监测数据分析，目前河南省的水环境现状不容乐观。同时河南省铅冶炼企业在部分地区产业集中度较高，当地环境承载能力开始减弱，部分地区出现严重环境污染问题。因此，为改善河南省水环境质量、保护当地群众身体健康，同时促进铅冶炼企业废水污染物排放控制水平的提高，必须制定更为严格的水污染物排放标准。基于此原则，该标准的水污染物排放标准限值参考《铅、锌工业污染物排放标准》（GB 25466—2010）进行制定，同时根据现有的污水处理技术及河南省现有企业排水水质调查统计结果，对部分因子做适当调整。水污染物排放标准限值参考“表 3 现有和新建铅、锌工业企业水污染物特别排放限值”，对悬浮物、总铜、总铅、总镉、总汞、总砷等因子适当放宽。单位产品排水量将根据河南省实际情况，适当从严控制。

（1）现状调查情况

编制组调查了 9 家企业，共收集到 8 家运行企业的废水排放数据，其中有 3 家企业废水处理达标后部分回用、部分排放，其他 5 家企业基本实现废水全部回用不外排。具体统计数据见表 6-6。

表 6-6 河南省主要铅冶炼企业水污染因子达标情况分析

监测因子	浓度范围/（mg/L）	样本数/个	国家标准（现有企业直接排放限值）/（mg/L）	达标情况
pH	6～8.71	4	6～9	达标
COD	24～94	3	100	达标
SS	5～120	4	70	超标
氨氮	0.266～3.07	3	15	达标
总锌	0.082～1.29	2	2.0	达标
总铜	0.07～0.255	2	0.5	达标
硫化物	0.01～0.91	2	1.0	达标
氟化物	1.43～9.8	1	10	达标
总铅	未检出～0.49	4	1.0	达标
总镉	0.01～0.06	2	0.1	达标
总汞	0.000 3	1	0.05	达标
总砷	0.001 3～0.170 0	4	0.5	达标
总镍	—	—	1.0	—

从表 6-6 可以看出，各企业污水站排水除 SS 出现超标外，其他各项监测因子均能满足国家标准现有企业直接排放限值的要求。其中 COD 浓度小于 60 mg/L 的有 2 个，占 67%；氨氮均低于 5 mg/L；SS 浓度小于 60 mg/L 的有 3 个，占 75%；总锌均低于 1.5 mg/L；总铜均低于 0.3 mg/L；硫化物均低于 1 mg/L；氟化物均低于 10 mg/L；总铅均低于 0.5 mg/L；总镉有 1 个低于 0.05 mg/L；总汞均低于 0.001 mg/L；总砷均低于 0.2 mg/L。

（2）废水达标排放的技术可行性

铅冶炼废水主要包括设备冷却水、制酸废水、烟化炉冲渣水、生活污水等。参考《铅锌冶炼业污染防治技术政策 》（征求意见稿），铅冶炼废水可采用化学沉淀法、生物法、铁氧体法、电化学法和膜分离法等工艺处理。

据调查，目前各企业的设备冷却水、烟化炉冲渣水均实现循环使用不外排。生活污水经生化处理达标后排放或用于厂区绿化等。该类废水常规污染物处理后达到 GB 18918—2002 中的一级 A 标准限值在技术上是较为成熟的。因此全厂废水总排口 COD、氨氮、SS 等常规污染因子均能达到该标准限值的要求。

目前大部分企业处理制酸废水主要采用化学沉淀法（石灰中和+沉淀），处理后的废水可全部回用于生产。但从调查情况看，仍有部分企业的制酸废水处理设施不完善且与其他废水合并处理，废水长期循环使用导致部分重金属因子浓度较高。为降低污水站处理负荷、确保企业总排口水质达标、降低环境风险，该标准要求所有铅冶炼企业制酸废水必须单独处理后全部回用于生产，不得外排。

根据相关资料，一步石灰沉淀法在国内及省内铅冶炼企业应用较多，处理效果见表 6-7。

表 6-7 一步石灰沉淀法处理含重金属污水的效果 单位：mg/L（pH 量纲一）

项目	污水中重金属含量					
	pH	Zn	Pb	Cu	Cd	As
处理前	7.14	342	36.5	28	7.12	2.41
处理后	10.4	1.61	0.6	0.05	0.06	0.024

与石灰沉淀法相比，硫化物沉淀法对于污水中某些对 pH 或温度要求较高的重金属具有更好的处理效果。根据金属硫化物溶度积的大小，其沉淀析出的次序为：Hg^{2+}→Hg^{+}→As^{3+}→Bi^{3+}→Cu^{2+}→Pb^{2+}→Cd^{2+}→Sn^{2+}→Zn^{2+}→Co^{2+}→Ni^{2+}→Fe^{2+}→Mn^{2+}，越靠前的金属越容易处理。国外一些案例还采用两段处理含多种重金属的混合污水：先用氢氧化物沉淀，再用硫化物沉淀。硫化物沉淀法出水硫离子超标，需采用硫酸铁进一步去除硫化物。国外采用 NaHS 处理后的出水水质见表 6-8。

表 6-8 硫化物沉淀法处理含重金属污水的效果（出水水质） 单位：mg/L

项目	Cu	Pb	Ni	Zn	As	Cd
浓度	0.04	0.04	0.07	0.13	<0.01	0.004

可见，如果针对污水的性质以及所含重金属选择了适当的处理工艺，处理后的水质完全可以达到该标准所要求的排放限值。

（3）单位产品基准排水量的确定

为避免或防范生产企业为实现污染物浓度达标排放而采取稀释排放，同时便于环保管理部门对企业实行浓度和总量的双重管理，该标准特制定单位产品基准排水量限值。

水污染物排放浓度限值适用于单位产品实际排水量不高于单位产品基准排水量的情况。若单位产品实际排水量超过单位产品基准排水量，须按污染物单位产品基准排水量将实测水污染物浓度换算为达到水污染物基准排水量时的排放浓度，并以水污染物基准水量排放浓度作为判定排放是否达标的依据。产品产量和排水量统计周期为一个工作日。

当企业以单一产品衡量单位产品排水量时，按下式换算水污染物基准水量排放浓度：

$$C_{基} = \frac{Q_{总}}{Y \times Q_{基}} \times C_{实}$$

式中，$C_{基}$——水污染物基准水量排放浓度，mg/L；

$Q_{总}$——日排水总量，m^3/d；

Y——日产品产量，t/d；

$Q_{基}$——单位产品基准排水量，m^3/t；

$C_{实}$——实测水污染物浓度，mg/L。

若$\dfrac{Q_{总}}{Y \times Q_{基}}$小于或等于1，则以水污染物实测浓度作为判定排放是否达标的依据。

当企业同时生产两种以上、单位产品基准排水量不同的产品，且将产生的污水混合处理排放时，按下式换算水污染物基准水量排放浓度：

$$C_{基} = \frac{Q_{总}}{\sum Y_i \times Q_{i基}} \times C_{实}$$

式中，$C_{基}$——水污染物基准水量排放浓度，mg/L；

$Q_{总}$——日排水总量，m^3/d；

Y_i——某产品日产品产量，t/d；

$Q_{i基}$——某产品单位产品基准排水量，m^3/t；

$C_{实}$——实测水污染物浓度，mg/L。

若$\dfrac{Q_{总}}{\sum Y_i \times Q_{i基}}$小于或等于1，则以水污染物实测浓度作为判定排放是否达标的依据。

2000年我国铅工业废水排污控制系数为36 m^3/t 粗铅（引自《工业污染物产生和排放系数手册》）。近年来，由于企业整体清洁生产水平和废水重复利用率提高，单位产品废水排放量大幅减少。《第一次全国污染源普查工业污染源产排污系数手册》确定的粗铅生产企业废水排污控制系数为28.37 m^3/t 粗铅。《清洁生产标准　粗铅冶炼业》（HJ 512—2009）一级指标的单位产品新鲜水用量为10 m^3/t 粗铅，末端处理前单位产品废水产生量为4 m^3/t 粗铅；二级指标单位产品新鲜水用量为15 m^3/t 粗铅，末端处理前单位产品废水产生量为8 m^3/t 粗铅。

根据对 8 家企业的调查，目前各企业吨产品新鲜水消耗量范围为 0.05～9.3 t/t 产品，其中有 6 家控制在 5 t/t 产品以下。有 3 家企业废水处理达标后部分回用、部分排放，其中排放量最大的为 4.95 t/t 产品，其他 5 家企业基本实现废水全部回用不外排。因此，根据目前企业的清洁生产水平和管理现状，该标准将单位产品基准排水量确定为 4 t/t 产品是可行的。

7 化工行业水污染物间接排放标准

7.1 标准工作简介

7.1.1 工作背景

近年来随着环境保护要求的不断提高，河南省越来越多的工业废水、生活污水输送至公共污水处理厂进行集中处理。这种模式既可节省环保投资、提高处理效率，又可采用先进工艺进行现代化管理，具有显著的社会、经济和环境效益，为河南省污染减排和水质改善发挥了重要作用。

化工行业是在河南省率先推行入园入区、污水集中处理的工业行业，近年来河南省新批复化工项目总量的约 66.7%都为间接排放。随着环境管理要求加严，河南省要求化工项目建设必须入园入区，间接排放企业数量还将快速增加。化工行业废水排放具有排放量大、成分复杂、污染物浓度高、有毒有害污染物多等特点。如果各种类型的化工污水不加选择地全部接纳，必将导致公共污水处理厂“消化不良”，影响出水水质，不能很好地发挥其改善水质的作用。

为了做好化工企业间接排放水污染物的管理，保障公共污水处理厂的稳定运行、达标排放，河南省各级环保部门对间接排放化工企业提出了严格的要求。但现行化工行业间接标准覆盖面窄，污水综合排放标准实施至今已 20 余年，部分控制因子缺失，部分标准限值已显宽松，难以满足环境管理工作需要，各级环保部门纷纷通过行政手段实行提标管理。

为了规范河南省化工企业间接排放水污染物行为、防范化工行业潜在环境风险、保障公共污水处理系统稳定运行、满足环境管理需要、促进河南省水环境质量持续改善，2014 年 4 月，河南省环境保护厅决定开展化工行业水污染物间接排放标准的制订工作，目前该标准已发布实施。

7.1.2 工作过程

该标准制定工作历时一年多，分为调研、开题和研究制定三个阶段。

①第一阶段：调研阶段。2014 年 3 月底，开始启动河南省化工行业水污染物间接排放标准制定前期调研工作，完成调研报告。

②第二阶段：开题阶段。2014 年 11 月完成开题报告，2014 年 12 月 10 日，河南省环境保护厅主持召开开题报告论证会。

③第三阶段：研究制定阶段。2015 年 6 月编制完成标准文本及编制说明（征求意见稿）。2015 年 9 月面向社会公开征求意见。2015 年 10 月河南省环境保护厅主持召开标准技术论证会。2015 年 11 月厅长专题会听取了标准制定工作情况汇报。2015 年 12 月河南省环境保护厅和河南省质量监督局共同主持召开标准审查会。2015 年 12 月厅长办公会听取了标准制定工作情况汇报。

该标准由河南省人民政府 2016 年 1 月 12 日批准，自 2016 年 7 月 1 日起实施。

7.2 河南省化工行业概况

7.2.1 化工行业定义及分类

化工是化学工业、化学工程学和化学工艺学的总称，化工行业是从事化学工业生产和开发的企业和单位的总称。

化工行业分类方法众多，结合河南省环境统计数据分类方法，考虑选用数据的一致性，采用《国民经济行业分类》（GB/T 4754—2011）对化工行业进行分类（图 7-1）。

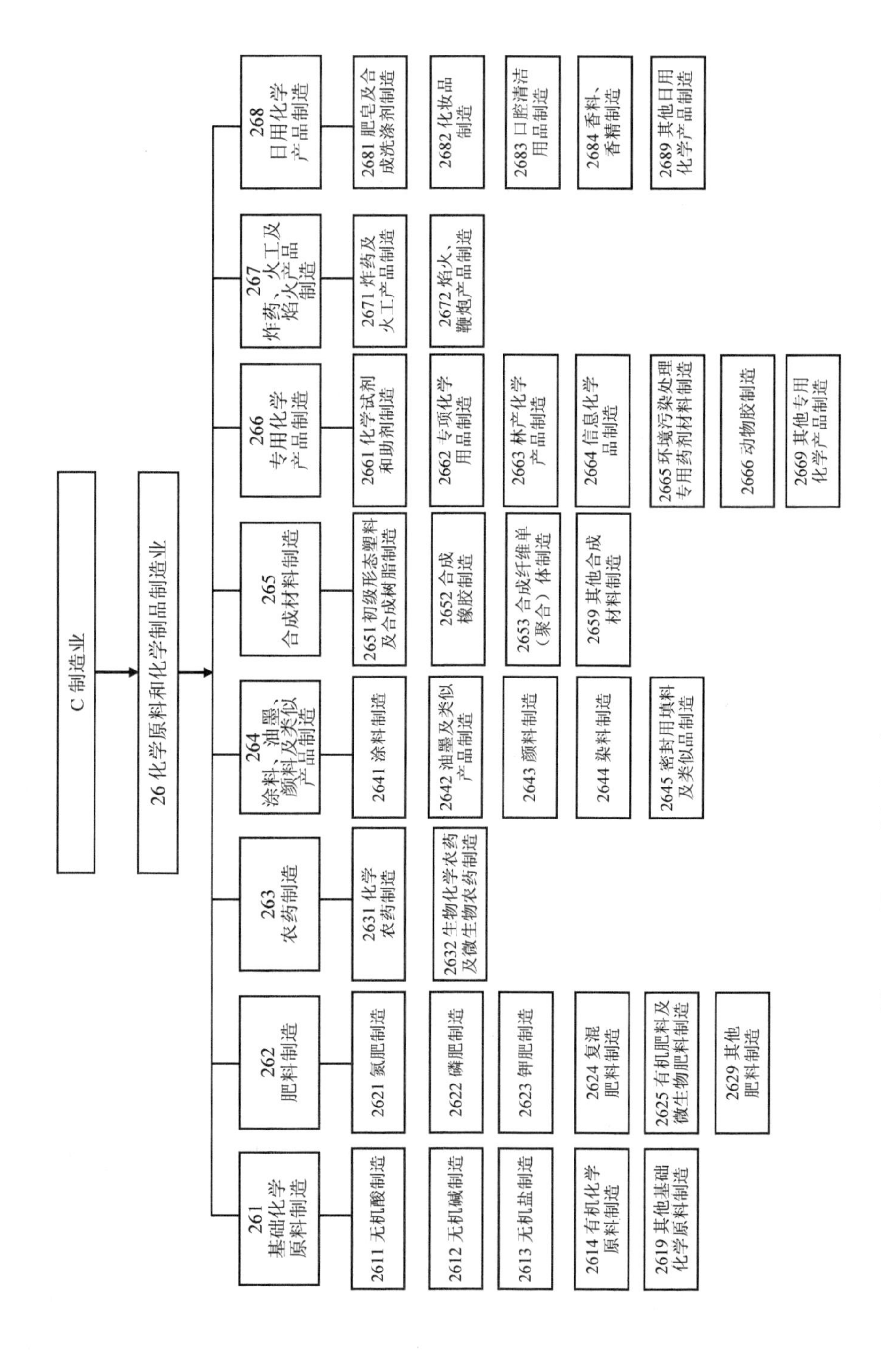

图 7-1 《国民经济行业分类》（GB/T 4754—2011）中化工行业分类

7.2.2 河南省化工行业现状

2013年河南省化工企业涉及《国民经济行业分类》（GB/T 4754—2011）中制造业中化学原料及化学品制造业的8个中类的35个小类。废水排放量占河南省工业废水排放量的12.2%、COD排放量占河南省工业废水排放量的11.0%、NH_3-N排放量占河南省工业废水排放量的26.4%。

（1）企业数量

河南省化工行业涉及的8个中类中，企业数量前三位的分别是261基础化学原料制造，占38.38%；266专用化学产品制造，占26.60%；262肥料制造，占16.33%。

（2）企业分布

河南省化工企业按流域分布，黄河流域占33%、海河流域占34%，淮河流域占28%、长江流域占5%；从分布密度来看，海河流域最高131.5家/万km^2，其次是黄河流域54.4家/万km^2，再次是淮河流域19.6家/万km^2，长江流域密度最低为10.5家/万km^2。

（3）水污染物间接排放情况

根据2012年环境统计数据，河南省588家化工企业中，废水直接排入环境的占52.4%，间接排入环境的占33.0%；直接排入环境废水排放量占化工行业废水排放量的58.2%、COD占55.4%、NH_3-N占53.9%；间接排入环境废水排放量占化工行业废水排放量的33.0%、COD占34.1%、NH_3-N占38.4%。

近年来河南省新批复的156个化工项目中，废水直接排放入环境的占30.1%，间接排入环境的占60.3%，零排放占9.6%；直排废水排放量占新批复化工项目废水排放量的38.7%，间接排放量占61.3%；排放废水的141个化工项目中，25个执行地方、行业或流域标准，116个仍然执行《污水综合排放标准》（GB 8978—1996）表4一级、二级或者三级标准。

（4）排污情况

废水排放量前5位分别为氮肥制造占51.05%、其他基础化学原料制造占

11.73%、有机化学原料制造占 9.26%、无机碱制造占 7.1%、化学试剂和助剂制造占 5.34%；COD 排放量前 5 位分别为氮肥制造占 37.5%、其他基础化学原料制造占 13.07%、有机化学原料制造占 11.08%、无机碱制造占 6.83%、化学试剂和助剂制造占 6.06%；NH_3-N 排放量前 5 位分别为氮肥制造占 66.9%、有机化学原料制造占 6.51%、其他基础化学原料制造占 5.08%、无机碱制造占 4.07%、动物胶制造占 3.82%。

7.2.3 主要类别化工行业废水处理技术

根据河南省化工行业企业排污现状及发展趋势，结合废水中主要污染物排放情况及对公共污水处理系统运行的影响，确定重点控制排污行业类别：氮肥制造（以合成氨为主）、有机化学原料、化学试剂及助剂制造、无机碱、无机盐、明胶、农药类、香精香料、合成材料制造。重点类别化工行业废水主要污染物及处理技术见表 7-1。

表 7-1 重点类别化工行业废水主要污染物及处理技术

化工类别	主要污染物	废水处理技术
合成氨	pH、SS、COD、TP、NH_3-N、TN、氰化物、挥发酚、硫化物、石油类	两级厌氧/好氧的末端污水治理工艺
硫酸工业	总磷、总砷、总氟、总 Pb	石灰法和石灰-铁盐沉淀法
硝酸工业	NH_3-N、NO_3^-、石油类、悬浮物和总磷	浓硝酸生产酸性废水高真空蒸馏；末端污水两级厌氧/好氧
氯碱工业	pH、SS、COD、BOD_5、NH_3-N、TN、TP、石油类、氯化物、硫化物、总铜、总钡、活性氯、氯乙烯、AOX、石棉、总汞、总镍	生化处理后进一步进行深度处理（如臭氧氧化、活性炭吸附）后回用
纯碱工业	NH_3-N	高效蒸氨
无机盐工业	pH、SS、COD、NH_3-N、TN、TP、石油类、总氰化物、硫化物、氟化物、氯化物、重金属类	自然净化法、混凝法、吸附法、离子交换法、中和法和重复利用法等
有机化学原料制造	pH、SS、COD、NH_3-N、挥发酚、硫化物、氰化物	SBR 序批式活性污泥生化法、A/O 生化法、厌氧+SBR 生化法

化工类别		主要污染物	废水处理技术
其他机场化学原料制造		pH、SS、COD、NH_3-N、硫化物、硫酸盐	石灰或电石泥中和、曝气、沉淀后排放
化学试剂和助剂		pH、色度、SS、COD、NH_3-N、TN、硫化物、Zn^{2+}、苯胺、甲苯	物化+生化法处理，经蒸发、萃取、活性炭吸附、Fenton 氧化等物化法处理后再进行生化处理
明胶工业		pH、SS、COD、BOD_5、NH_3-N、TN、TP、六价铬、总铬	物化+生化法，物化方法包括沉淀、混凝、气浮、絮凝和过滤等，生化方法包括厌氧、兼氧、好氧相结合等
农药类	有机磷	pH、色度、SS、COD、BOD_5、NH_3-N、挥发酚、硫化物、磷酸盐、单质磷、甲醛、苯、甲苯、二甲苯、中等毒性产品（氧乐果、丙溴磷、乐果、水胺硫磷等）、低毒产品（杀螟硫磷、辛硫磷、异稻瘟净、马拉硫磷、乙酰甲胺磷等）、对鱼类有剧毒产品（甲基毒死蜱、毒死蜱、三唑磷）	除磷+湿式氧化+生化；高浓废水焚烧，低浓废水除磷+湿式氧化
	菊酯类	pH、SS、COD、色度、NH_3-N、TN、TP、总氰化物、吡啶、氯氰菊酯、氯氟氰菊酯、溴氰菊酯、丙烯菊酯、氰戊菊酯、甲氰菊酯、胺聚酯、联苯菊酯	高浓废水蒸馏后和低浓废水混合，经中和沉淀后采用生化处理，蒸馏残液焚烧
	有机氯类	pH、SS、COD、NH_3-N、TN、TP、氰化物、间二甲苯、百菌清、三氯杀螨醇、三氯乙醛、氯苯、滴滴涕	预处理回收物料、催化氧化、厌氧好氧生化处理
	苯氧羧酸类	pH、COD、BOD_5、SS、色度、NH_3-N、TN、TP、挥发酚、2,4-滴酸、2,4-二氯酚、二甲四氯酸、邻甲酚	工艺废水经萃取后，水相用于生化处理，再经活性炭吸附后达标排放
	生物农药	pH、SS、COD、NH_3-N、TN、TP、色度、阿维菌素	调节、好氧厌氧、气浮
香精香料		pH、COD、BOD、SS、NH_3-N、石油类、SO_4^{2-}、全盐量	高浓度难降解有机废水预处理提高废水可生化性，后与低浓度废水合并进入生化处理系统
涂料工业		pH、SS、NH_3-N、TN、TP、COD、BOD_5、总汞、烷基汞、总铬、总镉、六价铬、总铅、色度、挥发酚、石油类、动植物油、氟化物、甲醛、AOX、苯、甲苯、乙苯、二甲苯、TOC、阴离子表面活性剂	①一般涂料：隔油—混凝—中和沉淀—气浮—生物法—砂滤—活性炭吸附—排放/回收；②树脂生产企业：二级反应沉淀—调节—复合厌氧—接触氧化—砂滤—活性炭吸附—排放/回收

化工类别	主要污染物	废水处理技术
合成材料	苯乙烯、丙烯腈、环氧氯丙烷、甲苯、甲醛、苯酚、丙烯酸、丙烯酸甲酯、丙烯酸乙酯、丙烯酸丁酯、甲基丙烯酸甲酯以及无机盐、NH_3-N 等	生物处理法
糖精工业	NH_3-N、盐分、难降解有机物	物化法和生化法
日用化学品	COD、LAS	化法、生化法和物化-生化法联用

7.3 河南省公共污水处理厂概况

7.3.1 公共污水处理厂情况

公共污水处理系统（以下简称“污水处理厂”）按照类型可分为城镇生活污水处理厂、工业区污水处理厂和其他类型污水处理厂。因在实际工作过程中，部分污水处理厂收水类型既包括工业废水，又包括生活污水，因此很难明确界定，故在此根据实际调查情况对河南省污水处理厂进行大致分类，其他类型污水处理厂因仅收纳农村生活污水，故在此不做考虑。下文所指污水处理厂仅包括城镇生活污水处理厂和工业园区污水处理厂，所用数据根据 2013 年环境统计数据并用调查表和化工园区污水处理厂调查情况进行补充校核。

（1）数量

截至 2014 年，河南省共有污水处理厂 260 座，其中城镇污水处理厂占 75.4%、工业园区污水处理厂占 24.6%，园区污水处理厂中以化工为主导产业的园区污水处理厂占 53.1%。

（2）设计处理规模

260 座污水处理厂总设计处理规模为 997 万 t/d，其中设计处理规模 1 万 t/d 及以下的占 13.5%、1 万～2.5 万 t/d 的占 40.8%、2.5 万～5 万 t/d 的占 32.7%、5 万～10 万 t/d 的占 7.7%、10 万 t/d 以上的占 5.4%。可见，河南省污水处理厂设计处理规模以 5 万 t/d 及以下的中、小规模为主。

（3）设计处理工艺

260 座污水处理厂采用生物处理工艺的占总数的 91.9%。其中，采用单纯好氧工艺的占采用生物处理工艺污水处理厂总数的 87.1%，好氧工艺前端设置厌氧（水解酸化）工艺的占 11.5%，其中半数为化工园区污水处理厂，好氧工艺前端设置强化氧化的占 1.4%，且均为化工园区污水处理厂。

（4）设计进水水质

所调查污水处理厂，设计进水 COD 250～700 mg/L，平均 369 mg/L，其中 300～400 mg/L 占 67.0%；NH_3-N 10～80 mg/L，平均 35.5 mg/L，其中 20～40 mg/L 占 67.9%；SS 50～600 mg/L，平均 247.6 mg/L，其中 200～300 mg/L 占 54.1%；TN 25～120 mg/L，平均 49.1 mg/L，其中 30～50 mg/L 占 56.3%；TP 0.1～10 mg/L，平均 4.1 mg/L，其中 4～6 mg/L 占 43.9%。

（5）出水执行标准

能够准确获得出水执行标准的污水处理厂中，出水执行《城镇污水处理厂污染物排放标准》（GB 18918—2002）一级 A 标准的占总数的 68.3%、一级 B 标准占 19.5%、一级 B 标准与二级标准之间的占 7.3%、二级标准占 4.9%。可见，河南省污水处理厂出水多数执行一级 A 标准。

7 3.2 化工园区污水处理厂情况

（1）数量

根据化工园区污水处理厂调查情况，截至 2014 年，河南省共有化工园区污水处理厂 34 座，占河南省污水处理厂总数的 13.1%，占工业园区污水处理厂总数的 53.1%。

（2）设计处理规模

34 座化工园区污水处理厂总设计处理规模 100 万 t/d，其中，设计处理规模 1 万 t/d 及以下的占 8.8%；1 万～2.5 万 t/d 的占 55.9%；2.5 万～5 万 t/d 的占 32.4%；

5 万 t/d 以上的占 2.9%。可见，河南省化工园区污水处理厂设计处理规模以中、小规模为主。

（3）设计处理工艺

34 座污水处理厂均采用生物处理工艺。其中，采用好氧工艺的占总数的 52.9%；好氧工艺前端设置厌氧（水解酸化）工艺的占 38.2%、好氧工艺前端设置强化氧化的占 8.8%。

（4）设计进水水质

所调查化工园区污水处理厂设计进水 COD 300～700 mg/L，平均 403 mg/L，其中 300～400 mg/L 占 51.5%；NH_3-N 20～50 mg/L，平均 35.2 mg/L，其中 35～50 mg/L 占 60.6%；SS 150～400 mg/L，平均 260.6 mg/L，其中 200～300 mg/L 占 53.1%；TN 30～80 mg/L，平均 46.9 mg/L，其中 45～60 mg/L 占 47.1%；TP 0.5～8 mg/L，平均 4 mg/L，其中 2～4 mg/L、4～6 mg/L 分别均占 40.9%。

（5）出水执行标准

所调查化工园区污水处理厂出水执行《城镇污水处理厂污染物排放标准》（GB 18918—2002）一级 A 标准的占总数的 93.9%，一级 B 标准占 6.1%。可见，河南省化工园区污水处理厂出水标准多数执行一级 A 标准。

7.3.3 河南省化工废水影响公共污水处理厂实例调查

化工废水常因废水排放量大、污染物浓度高、有毒有害污染物多等特点，对接纳化工废水的污水处理厂造成冲击，影响污水处理厂生物处理系统，破坏污水处理厂的正常运行。在该标准制定过程中，标准编制组通过现场调研，了解到一些典型的化工废水对污水处理厂冲击的实例。

（1）A 工业园区污水处理厂

A 工业园区污水处理厂设计处理规模 3 万 t/d，实际处理规模 1.8 万～1.9 万 t/d，收水包括工业废水和生活污水，其中，工业废水不足总收水量的 50%。

该污水处理厂采用改良型氧化沟工艺，进水控制因子包括 COD、NH_3-N、SS、

TP、氯离子等。设计进水水质 COD≤300 mg/L、NH_3-N≤30 mg/L、TP≤5 mg/L、SS≤200 mg/L，实际进水 COD≤210 mg/L、NH_3-N≤25.4 mg/L、TP≤2.28 mg/L、SS≤88 mg/L；出水执行 GB 18918—2002 一级 A 标准（图 7-2）。

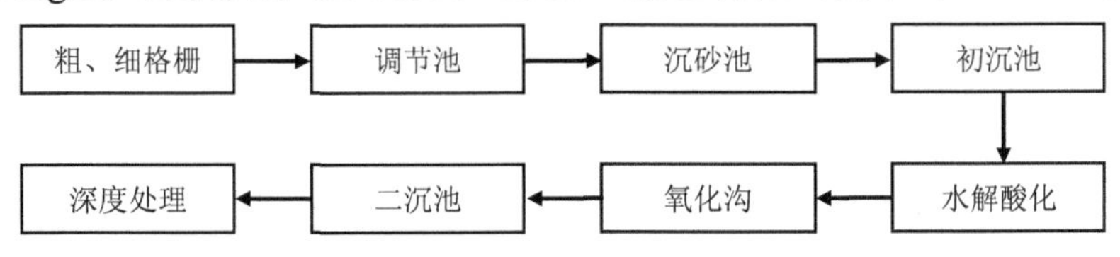

图 7-2 A 工业园区污水处理厂废水处理工艺流程

排入该污水处理厂的典型化工废水是以离子膜烧碱、聚氯乙烯树脂为主要产品的工业废水，废水中 TP、Hg 和全盐量浓度过高对该污水处理厂运行产生影响。据了解，企业排入废水中 TP 最高达 10 mg/L，污水处理厂对高浓度 TP 处理能力有限，严重影响污水处理厂出水水质；废水中 Hg 含量过高对生物处理系统产生毒性；氯离子的进入浓度高达数千毫克每升，对污水处理厂生物处理系统活性产生较大影响。

（2）B 工业园区污水处理厂

B 工业园区污水处理厂设计处理规模一阶段 2.5 万 t/d，其中，工业废水 1.5 万 t/d、生活污水 1 万 t/d。工业废水和生活污水通过两路管道分别进入污水处理厂。目前，该污水处理厂接收的均为工业废水。

该污水处理厂采用“预处理+高效 A/O+深度处理”工艺，工业废水设计进水 pH 6～9、COD≤150 mg/L、BOD_5≤100 mg/L、NH_3-N≤10 mg/L、TP≤0.1 mg/L、SS≤400 mg/L，实际进水 COD≤150 mg/L、NH_3-N≤50 mg/L、TP≤10 mg/L、SS≤400 mg/L；出水执行 GB 18918—2002 一级 A 标准（图 7-3）。

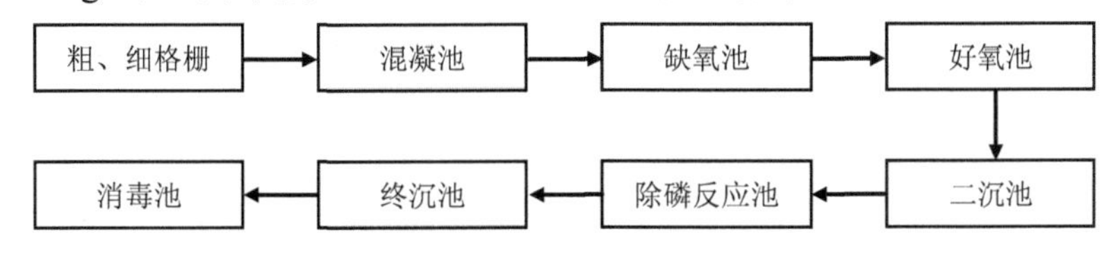

图 7-3 B 工业园区污水处理厂废水处理工艺流程

排入该污水处理厂的典型化工废水是以钛白粉为主要产品的工业废水，废水中氯离子浓度高达 2 000～3 000 mg/L，而污水处理厂生物处理系统对氯离子基本无处理能力，造成污水处理厂出水因氯离子浓度过高而污染周边井水。

（3）C 工业园区污水处理厂

C 工业园区污水处理厂设计处理规模 5 万 t/d，实际处理规模 2.5 万 t/d，主要收水类型包括工业废水和生活污水，其中，设计生活污水占总收水量的 50%。根据规划，该区域将入驻教育园区，预计生活污水比例将进一步提高。

该污水处理厂采用“预处理+酸化水解+A^2/O+三级处理”工艺，设计进水控制因子包括 pH、COD、BOD_5、NH_3-N、TN、TP、SS、色度和大肠菌群数，设计进水水质 pH 6～9、COD≤300 mg/L、BOD_5≤150 mg/L、NH_3-N≤40 mg/L、TN≤45 mg/L、TP≤4 mg/L、SS≤150 mg/L、色度≤80 mg/L；实际进水 pH 6～9、COD≤600 mg/L、BOD_5≤60 mg/L、NH_3-N≤60 mg/L、TN≤80 mg/L、TP≤1 mg/L、SS≤200 mg/L、色度≤100 mg/L；出水执行 GB 18918—2002 一级 A 标准（图 7-4）。

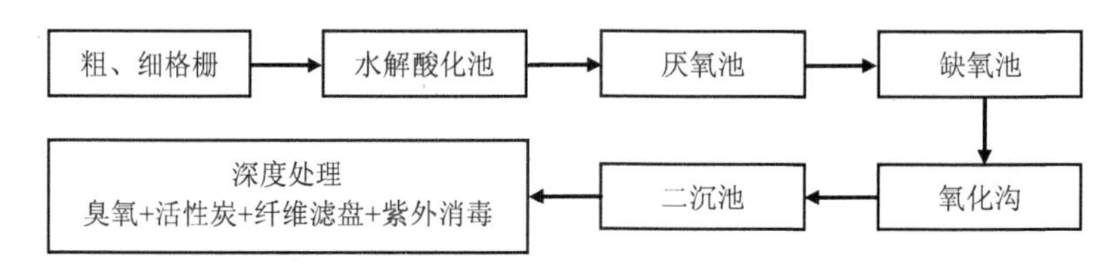

图 7-4 C 工业园区污水处理厂废水处理工艺流程

排入该污水处理厂的化工废水存在硝态氮偏高的现象。根据实际进水监测情况，进入该污水处理厂硝态氮浓度最高可达 20～30 mg/L，对该厂生物处理系统产生严重影响，直接影响生物系统对 NH_3-N 的去除效率。

（4）鹤壁某工业园区污水处理厂

鹤壁某工业园区污水处理厂设计建设总规模为 9 万 t/d，分三期建设，每期处理规模 3 万 m^3/d，一期工程分两个阶段，现场调研时已完成构筑物建设 3 万 m^3/d，完成设备安装 1.5 万 m^3/d。

该污水处理厂采用“预处理+水解酸化+PACT+微絮凝过滤+臭氧氧化+ClO_2消毒”工艺，进水控制因子包括 pH、COD、BOD_5、SS、TN、NH_3-N、TP、石油类、色度、氯离子和溶解性总固体。设计进水水质 COD≤350 mg/L、BOD_5≤70 mg/L、NH_3-N≤50 mg/L、氯离子≤250 mg/L，出水执行国家 GB 18918—2002 一级 A 标准。因目前未正式投入运行，调试期按合同约定临时排放标准为 COD≤100 mg/L、NH_3-N≤5 mg/L（图 7-5）。

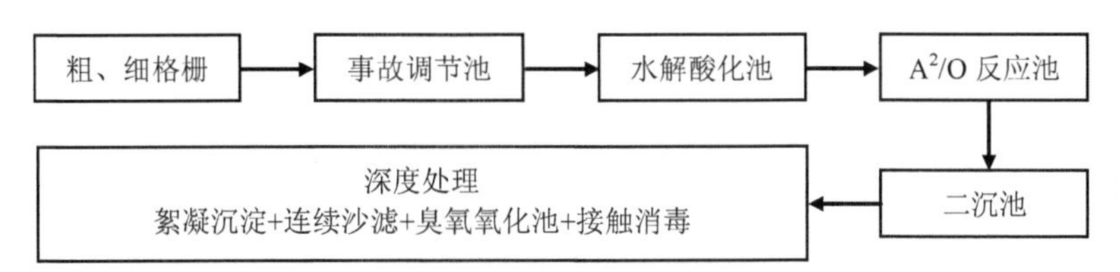

图 7-5 鹤壁某工业园区废水处理工艺流程

排入该污水处理厂的主要化工废水类型是以 1,4-丁二醇和甲醇为主要产品的工业废水，日均排放量约 1.3 万 t。据了解，该污水处理厂化工废水进水水质波动大，其中高浓度氨氮、硝态氮和亚硝态氮化工废水对生物处理系统活性污泥中的微生物产生抑制和伤害作用，严重时导致微生物失活，需要重新培养和驯化污泥。

7.4 标准制定总体方案

7.4.1 标准制定的必要性

在标准的研究制定过程中，编制组调查现行化工行业间接排放标准，研究河南省化工行业间接排放情况，了解河南省公共污水处理厂接纳化工污水情况，查找存在问题，分析标准需求，提出了标准制定的必要性。

（1）规范河南省化工行业间接排放行为、防范潜在环境风险的需要

化工行业是河南省传统优势产业，也是国民经济基础产业，在一定程度上来

说资源转化利用率较高、有毒有害污染物多、污水处理难度大、潜在环境风险大，需要制定间接排放标准，规范化工企业水污染物间接排放行为，防范潜在环境风险。

（2）保障公共污水处理厂稳定运行的需要

河南省曾出现化工废水中化学需氧量、氨氮、硝态氮、盐分等浓度高对公共污水处理厂运行造成较大影响的案例，这就需要通过间接排放标准控制化工企业水污染物间接排放，避免公共污水处理厂“消化不良”，影响出水水质，使其不能很好地发挥其改善水质的作用。

（3）完善现行间接排放标准的需要

目前，有关化工行业间接排放的标准包括《污水综合排放标准》（GB 8978—1996）、《污水排入城镇下水道水质标准》（CJ 343—2010）等 10 项行业标准，但在具体工作中约占 61%的化工企业执行《污水综合排放标准》（GB 8978—1996）。该标准自实施之日起，至 2019 年已 23 年，部分控制因子缺失、部分标准限值宽松，难以满足环境管理工作需要。

（4）依法行政，贯彻执行新环保法的需要

各地环保部门已经通过行政手段，要求企业执行严于国家间接排放标准的排放限值，以此来实现环境管理的目标。因此，迫切需要尽快制定间接排放标准，把行政管理的要求上升到法律法规层面，使环境管理依据更加充分。新《环保法》加大了对超标排放的惩治力度，规定了按日连续处罚制度。依法行政、贯彻执行新环保法，也需要间接排放标准的配套支撑。

7.4.2 如何看待间接排放

间接排放是工业企业向公共污水处理系统排放水污染物的行为。1988 年《污水综合排放标准》（GB 8978—88）三级标准起到了间接排放的作用；2010 年国家发布实施了一系列行业污染物排放标准，如《淀粉工业水污染物排放标准》（GB 25461—2010）、《酵母工业水污染物排放标准》（GB 25462—2010）等，在这些标准中首次明确提出了间接排放的概念；2012 年，河南省发布实施地方标准《化学合成类制药工业水污染物间接排放标准》（DB/41 756—2012）、《发酵类制药工业水污染物间接排放标准》（DB/41 758—2012），为河南省首次制定间接排放标准（图 7-6）。

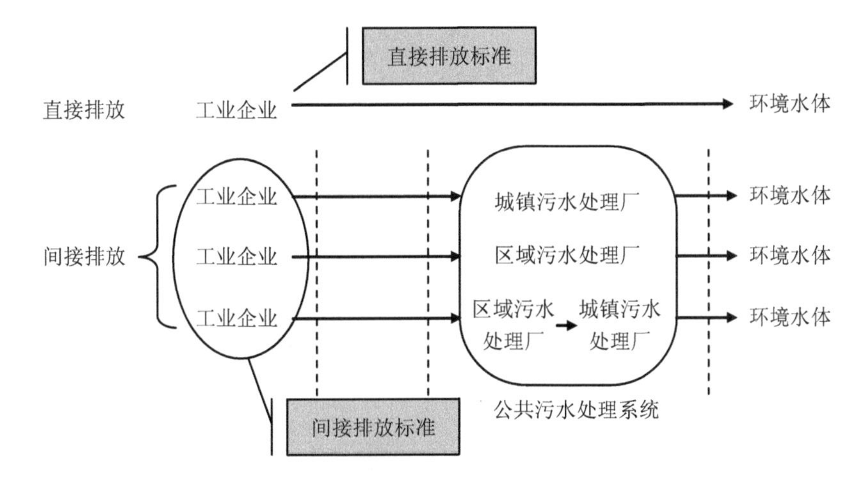

图 7-6 间接排放示意

从环境水体的角度看，间接排放优于直接排放。直接排放意味着分散排污，间接排放意味着集中排污，而且直排企业排放标准基本宽松于公共污水处理厂一级 A 标准。该标准的制定不能抑制产业集聚发展、集中治污。

从公共污水处理厂的角度看，既要保障其稳定运行，也应合理利用其处理效能。间排企业的废水不能冲击公共污水处理厂的运行，也不能经由公共污水处理厂来稀释排放，也不应出现空转等工艺不合理情况。

从间接排放企业的角度看，间排排放企业的治污代价包括企业内部处理费用+付给公共污水处理厂的费用。间排排放企业不能转嫁治污成本，也应从付费中受益。

7.4.3 制定目的

规范河南省化工行业工业企业间接排放水污染物行为，防范化工行业潜在环境风险，保障公共污水处理系统稳定运行，满足环境管理需要，促进河南省水环境质量持续改善。

7.4.4 指导思想

坚持在发展中保护、在保护中发展，与河南省化工行业现状和环境管理需求相结合，与国家化工行业标准体系相协调，基于河南省化工行业排污特征及公共污水处理系统建设状况，科学制定河南省化工行业水污染物间接排放标准，促进社会资源合理配置，为环境管理提供污染物排放标准依据。

7.4.5 制定原则

（1）约束与促进相结合

约束化工企业间接排放行为，促进化工行业集聚发展、集中治污。标准应宽严适度，既要避免化工企业将污染处理成本转嫁到公共污水处理厂，也不能出现间排企业处理成本高于直排企业，有悖于标准制定初衷。

（2）保障与利用相结合

保障公共污水处理厂稳定运行，合理利用公共污水处理厂效能。既要避免化工废水对公共污水处理厂造成冲击，也要避免化工企业间排废水进入公共污水处理厂空转、稀释排放等工艺不合理现象。

（3）重点与全面相结合

既要控制COD、氨氮等重点因子，也要高度重视化工企业有毒有害特征因子的控制。

（4）实用与引导相结合

针对化工企业间接排放中存在的现实问题开展工作，突出标准的实用性。控制盐类等特征因子，体现标准的引导性。

7.4.6 标准定位

控制河南省化工行业水污染物间接排放的综合型排放标准，与国家、地方行业水污染物排放标准配套使用，规范河南省化工企业间接排放行为，保障公共污水处理系统稳定运行、达标排放，保护地表水环境质量，满足环境管理需要。

7.5 标准主要技术内容

作为间接排放标准，较之前河南省制定的地方环境保护标准，该标准在工作内容、方法上均有所不同。该标准侧重于围绕需求开展工作，突出针对性、实用性；控制因子筛选力争实现全因子控制，不与国家现行标准交叉；标准限值确定重视因子危害性调查，统筹考虑企业厂内处理与公共污水处理厂处理全过程的科学合理。

7.5.1 适用范围

化工行业的原材料构成、生产工艺和产品结构都比较复杂，污染物多，且不少污染物具有明显的行业特征。国家现行污水综合排放标准主要是针对一些具有共性的污染源和污染物而制定的，虽然在总体上比较适合，但是难以考虑化工行业的特殊性，有一些控制因子缺失、有一些控制因子的取值与当前化工行业的技术水平脱节，不适应当前化工行业的环境管理要求，缺乏针对性和可操作性，目前国家也正在开展该标准的修订工作。而从国家化工行业水污染物排放标准的发布和制修订情况来看，现行化工行业水污染物排放标准少，仅涉及少数几个化工行业类别，但正在修订标准数量多，可基本涵盖河南省基本化工产品或大宗化工产品类别，且污染控制因子多、标准限值严。

地方环境保护标准是我国环保标准体系的重要组成部分，为解决地方环境问题而提出，是对国家标准的有益补充。该标准的制定需要控制好河南省化工行业水污染物间接排放，并与国家、地方标准相协调。

为了便于环境管理使用，做好与国家标准的协调，该标准构建了两种情景（表7-2），通过比选确定该标准控制范围。

情景一：适用于所有化工行业类别。

情景二：适用于没有国家、地方行业间接排放标准的化工行业类别。

表 7-2 标准框架分情景比选

情景	内容	优势	劣势
情景一	适用于所有化工行业类别	①近期可实现一项标准通用于河南省化工行业间接排放企业； ②与河南省现行流域标准使用方式一致	①随着国家、地方新行业标准或污水综合排放标准（修订）的发布，需要与新标准交叉使用； ②文本相对略复杂
情景二	适用于没有国家、地方行业间接排放标准的化工行业类别	①不需要与国家、地方行业标准交叉使用； ②文本相对略简单	①不能实现一项标准通用于河南省化工行业间接排放企业污水排放管理； ②随着国家污水综合排放标准（修订）的发布，可能需要修订

对于情景一：在国家没有新发布化工行业排放标准或污水综合排放标准前，可以实现一项标准全面控制河南省化工行业间接排放企业污水排放，并且与河南省已发布流域标准使用方法一致；但随着国家、地方新标准的发布实施，可能会需要与新标准交叉使用，该标准中需将现行标准中严于该标准的限值分行业给出，标准文本形式相对略复杂。

对于情景二：适用于没有国家、地方行业水污染物间接排放标准的化工行业间接排放企业，则不存在与国家标准交叉使用的问题，该方案标准文本相对也会略简单。但是，这个方案不能实现一项标准通用于河南省化工企业间接排放水污染物的管理，需要与国家、地方行业水污染物间接排放标准配套使用；如果国家污水综合排放标准进行修订，该标准也可能需要进行修订。

2015 年 6—8 月，该标准适用范围经历了一次大的调整。开题报告阶段，为全面控制河南省化工企业废水间接排放，该标准适用范围倾向于情景一，即适用于所有化工行业类别。2015 年 4 月，环办〔2015〕39 号文发布，按照文件精神，地方标准应避免与国家标准交叉、互补，从与国家和河南省地方标准体系配套协调、便于标准使用的角度，在标准的研究制定阶段对标准适用范围进行了一次大的调整，采用情景二，即该标准适用于没有国家或河南省行业排放标准的化工企业。

2015 年 11 月 23 日，召开厅长专题会，修改标准适用范围表述方式，在前言中规定“执行《污水综合排放标准》（GB 8978—1996）三级标准的化工企业自××××年××月××日起，间接排放水污染物控制按该标准的规定执行，不再执行《污水综合排放标准》（GB 8978—1996）三级标准。”

2015 年 12 月 9 日，召开标准审查会，经与会专家讨论，最终确定该标准适用范围为：“该标准规定了化工行业水污染物间接排放的术语和定义、污染物控制要求、污染物监测要求，以及实施与监督等相关规定。

该标准适用于化工企业间接排放水污染物的排放管理，以及建设项目的环境影响评价、环境保护设施设计、竣工验收及其投产后的污水排放管理；该标准适用于没有国家或河南省化工行业排放标准及行业标准中没有间接排放限值规定的化工企业，国家或河南省针对化工行业颁布有行业排放标准并包括有间接排放限值规定的化工企业，不适用于该标准。”

7.5.2 适用行业

我们通常指的化工行业一般包括石油化工、炼焦工业、化学原料和化学品制造、医药制造等行业。

根据《国民经济分类代码》（GB/T 4754—2011），石油化工指 C 制造业中 25 石油加工、炼焦和核燃料加工业中的 251 精炼石油产品制造，其中包括 2511 原油加工及石油制品制造（指从天然原油、人造原油中提炼液态或气态燃料以及石油制品的生产活动）、2512 人造原油制造（指从油母页岩中提炼原油的生产活动）。目前国家已发布《石油化学工业污染物排放标准》（GB 31571—2015），该标准对石油化学工业的定义为：以石油馏分、天然气为原料，生产有机化学品、合成树脂、合成纤维、合成橡胶等的工业企业或生产设施。我们认为该标准以生产原材料为基础进行行业分类，易与其他行业类别的标准重叠交叉，例如，《合成树脂工业污染物排放标准》（GB 31572—2015）中定义合成树脂生产企业为“以低分子原料——单体为主要原料，采用聚合反应结合成大分子的方式生产合成树脂的企业，或者以普通合成树脂为原料，采用改性等方法生产新的合成树脂产品的企业。”随着河南省煤化工产业的发展，下游产业链也会与石油化工产业发生交叉重叠，在标准使用上也易模糊不清。

炼焦工业指C制造业中25石油加工、炼焦和核燃料加工业中的252炼焦，《炼焦化学工业污染物排放标准》（GB 16171—2012）现已实施，其中包括直接排放标准和间接排放标准。

医药制造业指C制造业中的27医药制造业，河南省制药企业数量多、分布广，国家在2008年集中发布了一批包括发酵类、化学合成类、混装制剂类、生物工程类、提取类的制药工业水污染物排放标准，对于其中水污染较重的发酵类、化学合成类制药工业，河南省也于2012年发布了两项水污染物间接排放标准。

化学原料和化学品制造业指C制造业中的26化学原料和化学制品制造业，河南省企业涉及其中全部8个中类、36个小类中的35个，国家现有石油化学、无机化学、合成树脂、合成氨、柠檬酸、弹药装药、磷肥、油墨、硝酸、硫酸、杂环类农药、烧碱和聚氯乙烯等12项行业标准，其中10项具有间接排放限值，但也仅涉及河南省8个小类化工行业中的部分基本化工产品或大宗化工产品生产企业，8个小类中的其他化工产品及其余23个小类则均执行《污水综合排放标准》（GB 8978—1996）。行业标准覆盖面窄，而污水综合排放标准实施至今已20余年，部分控制因子缺失，对于化工行业而言部分标准限值不尽合理。现行间接排放标准难以满足环境管理工作需要。

从河南省化工行业及国家、河南省地方标准实际情况出发，该标准研究范围界定为《国民经济行业分类》（GB/T 4754—2011）中C制造业中的26化学原料和化学制品制造业中的间接排放企业。同时，按照该标准框架，具有国家、地方行业水污染物间接排放标准的间接排放化工企业执行其行业标准，不执行该标准。

7.5.3 间接排放污染控制因子

（1）技术路线与原则

该标准污染控制因子按照如下原则进行筛选：①反映河南省化工行业污水排放特点；②影响公共污水处理厂稳定运行、达标排放因子；③考虑优先控制污染物；④可量化、可监测；⑤与国家、地方标准相协调。

该标准控制因子确定拟采用技术路线见图 7-7。

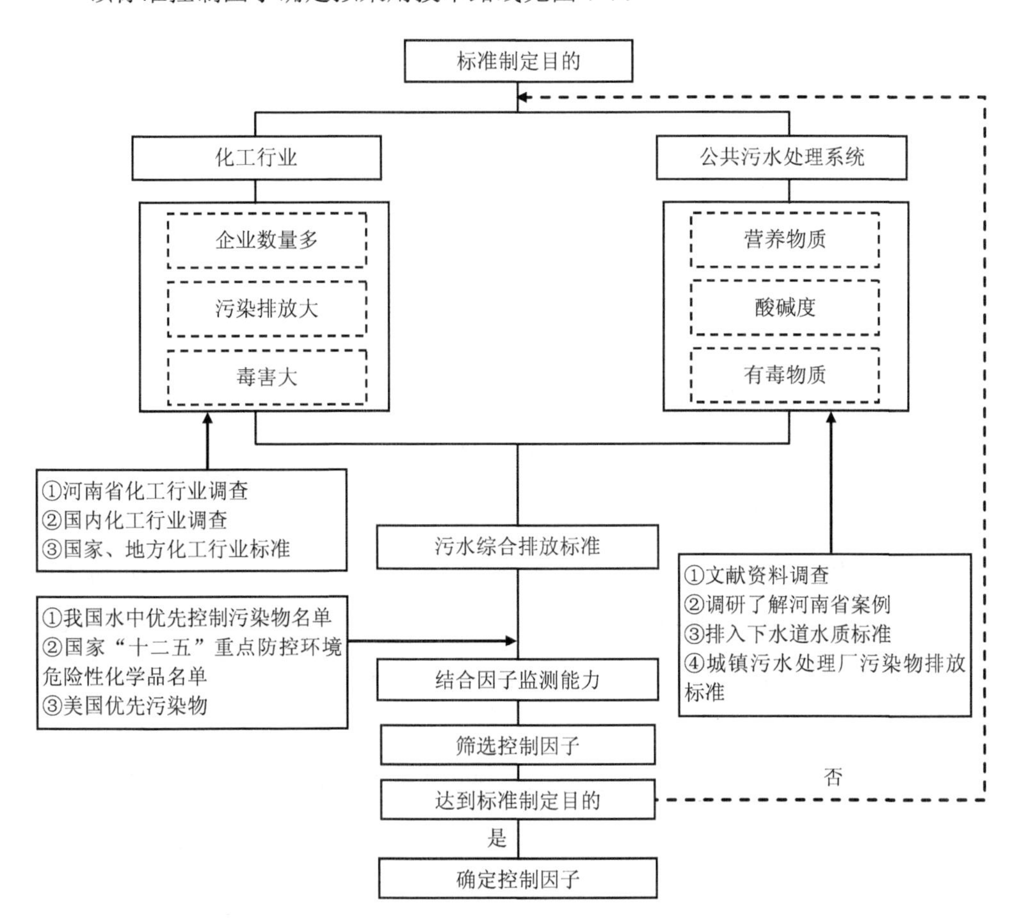

图 7-7 该标准控制因子确定技术路线

（2）控制因子框架比选

化工行业水质复杂、毒害因子多，可能影响污水处理厂稳定运行的因子多，需要控制的因子多。为了更好地满足标准需求、便于标准使用，该标准设计了两种情景比选确定标准控制因子框架（表 7-3）。

情景一：控制重点因子。

情景二：全因子控制。

表 7-3　控制因子框架比选

情景	内容	优势	劣势
情景一	控制重点因子	①控制因子数量少，文本相对简单；②有针对性地控制河南省化工行业重点污染因子，解决河南省突出问题	①需要与国家、地方现行其他标准交叉使用；②难以全面控制影响公共污水处理厂稳定运行和达标排放的因子
情景二	全因子控制	①不需要与国家、地方现行其他标准交叉使用；②可相对全面地控制河南省化工行业主要污染因子；③可相对全面地控制影响公共污水处理厂稳定运行、达标排放的因子	控制因子数量多，文本相对复杂

对于情景一，选择重点因子进行控制，控制因子数量少，文本相对简单，可有针对性地控制河南省化工行业重点污染因子，解决河南省突出问题，从这方面看，使用会相对方便。但是由于控制因子少，对于化工行业来说，会不可避免地要与国家、地方现行其他标准交叉使用，又会使标准使用不便。控制公共污水处理厂进水水质的《污水排入城镇下水道水质标准》（CJ 343—2010）涉及控制因子46 项，控制公共污水处理厂排水水质的《城镇污水处理厂污染物排放标准》（GB 18918—2002）涉及控制因子 62 项，若仅考虑化工行业重点因子，就难以全面控制影响公共污水处理厂稳定运行和达标排放的因子。

对于情景二，选择全因子进行控制，控制因子数量多，文本相对复杂，但可相对全面地控制河南省化工行业主要污染因子，控制影响公共污水处理厂稳定运行、达标排放的因子，且不需要与国家、地方现行其他标准交叉使用。

综合来看，从便于使用的角度，两种情景各有优缺点，但情景一相对方便；从控制河南省化工行业污染排放看，两种情景各有千秋；从保障公共污水处理厂稳定运行、达标排放看，情景二更为全面、可靠。因此，该标准推荐采用情景二，即尽量实现全因子控制。

（3）控制因子筛选

按照该标准控制项目筛选原则，在河南省化工行业（没有国家或地方行业标准的）主要水污染物排放因子中，补充影响公共污水处理厂稳定运行的因子，补充国家污水综合排放标准中化工企业可能排放污染因子，考虑已纳入现行标准控制的优先控制污染物，最终从中选择具有国家水质监测方法标准的因子作为该标准控制项目。该标准最终筛选确定控制项目见表 7-4。

表 7-4　该标准污染物控制项目分类

<table>
<tr><th colspan="2">分类</th><th>污染物控制项目</th></tr>
<tr><td colspan="2">常规项目（必须执行）</td><td>水温、pH、SS、色度、COD、BOD_5、NH_3-N、TN、TP</td></tr>
<tr><td rowspan="3">特征项目（选择控制）</td><td>重金属（第一类污染物）</td><td>总汞、烷基汞、总镉、总铬、六价铬、总砷、总铅、总镍、总铍、总银、总α放射性、总β放射性、苯并[a]芘</td></tr>
<tr><td>无机类</td><td>氰化物、硫化物、氟化物、溶解性总固体、总铜、总锌、总锰、总铁、总硒、总氯</td></tr>
<tr><td>有机类</td><td>油类：石油类、动植物油
苯系物：苯、甲苯、乙苯、邻-二甲苯、间-二甲苯、对-二甲苯
硝基苯类：硝基苯、对-硝基氯苯、2,4-二硝基氯苯
氯苯类：氯苯、邻-二氯苯、对-二氯苯
挥发性卤代烃：三氯甲烷、四氯化碳、三氯乙烯、四氯乙烯
酚类：挥发酚、五氯酚及五氯酚钠、苯酚、间-甲酚、2,4-二氯酚、2,4,6-三氯酚
酞酸酯类：邻苯二甲酸二丁酯、邻苯二甲酸二辛酯
醛类：甲醛
苯胺类、阴离子表面活性剂、可吸附有机卤化物、有机磷农药、丙烯腈、马拉硫磷、乐果、对硫磷、甲基对硫磷</td></tr>
</table>

为便于标准的使用，该标准确定污染物控制项目 68 项，分为常规项目和特征项目。其中，常规项目 9 项，为化工行业常见污染控制项目，也多为公共污水处理厂设计通常考虑的进水水质控制指标，必须执行；特征项目 59 项，根据企业排放水污染物类别和公共污水处理厂进水要求选择控制。

该标准较之前国家、地方水污染物间接排放标准增加了对溶解性固体的控制。盐类污染物是河南省部分化工行业特征污染物（如精细化工），在该标准调研中地市环保局、公共污水处理厂都提出了控制盐类污染物的标准需求。盐类在自然界广泛存在，但浓度增高对人体健康会产生危害，且导致土壤盐渍化，影响农业生产。目前国家仅有农灌标准、河南省仅有盐业碱业氯化物标准中予以控制。盐类污染物控制标准少，化工企业排放实测数据缺乏，为突出标准的实用性与引导性，在本次标准制定中选择溶解性固体作为控制项目，尝试对盐类污染物进行控制。溶解性总固体是溶解在水里的无机盐和不易挥发的有机物的总称，其主要成分有钙离子、镁离子、钠离子、钾离子、碳酸根离子、碳酸氢根离子、氯离子、硫酸根离子和硝酸根离子。全盐量是单位体积水中所含各种溶解盐类的总和，即单位体积水中总阳离子和总阴离子含量之和。全盐量和溶解性固体之间的差别就在于是否包括溶解在水中的不易挥发的有机物。从对污水处理厂生化系统的影响来看，主要是溶解性总固体中无机盐（即全盐量）的影响；从监测方法来看，目前《城市污水水质检验方法标准》（CJ/T 51—2004）中规定了溶解性固体的监测方法，在国家和环境保护部监测方法标准中没有溶解性总固体的监测方法，故该标准原拟采用全盐量作为控制项目。在征求环境保护部意见时，其提出：从国内外水相关环境标准来看，目前仅我国《农田灌溉水质标准》中采用了“全盐量”指标，而在我国、美国、加拿大等国家的饮用水标准中均使用了“溶解性总固体”指标。“溶解性总固体”指标反映了废水中的含盐量，同时也反映了水中不易挥发的有机物，从保护人体健康和生态环境的角度来看，含义更加全面，建议考虑。该标准采纳环境保护部意见，最终采用溶解性总固体作为控制项目。

与《污水排入城镇下水道水质标准》（CJ 343—2010）控制项目相比，该标准除易沉固体、氯化物和硫酸盐外，其他因子均列为控制项目。易沉固体没有明确的定义，其测定方法是在 CJ/T 53—1999 中规定的“将样品在英霍夫管中放置 15 min 后直接读出易沉固体的体积”，国家和环境保护部监测方法标准中没有其监测方法标准，经化工企业厂内处理后的污水中易沉固体量较少，该标准没有将其列为控制项目。考虑到目前高盐废水处理经济成本较高，化工企业排放实测数据缺乏，该标准选择溶解性固体作为控制因子，尝试对盐类污染物进行控制，暂未纳入氯化物和硫酸盐。

与《城镇污水处理厂污染物排放标准》（GB 18918—2002）控制项目相比，除该标准用硝基苯类代替总硝基化合物作为控制项目、未将粪大肠菌群作为控制项目外，其他控制项目均纳入该标准控制项目内。总硝基化合物的测定方法为《工业废水　总硝基化合物的测定　分光光度法》（GB 4919—85），随着《水质 硝基苯类化合物的测定　气相色谱法》（HJ/T 592—290）的发布，该方法已废止，故该标准中采用硝基苯类作为控制项目。粪大肠菌群不是化工行业的特征因子，故该标准中不再纳入。

与《污水综合排放标准》（GB 8978—1996）中的三级标准相比，该标准未纳入针对电影洗片的控制项目彩色显影剂和显影剂及氧化物总量、针对医疗机构的粪大肠菌群等 3 项因子；增加了水温、氨氮、总氮、色度、总铁、溶解性固体等 6 项控制项目；《污水综合排放标准》（GB 8978—1996）中的元素磷和磷酸盐两项归并为总磷控制项目；TOC 指废水中所有有机物的含碳量，通过 COD/TOC 比值可以反映废水中还原性物质的性质，但对于污染物含量并不能通过 TOC 的大小予以反映，故该标准也没有将其作为控制项目。

7.5.4 标准限值及达标技术路线

（1）技术路线与原则

该标准限值确定遵循以下原则：①保障公共污水处理厂稳定运行，充分利用其处理效能，促进其达标排放；②分类确定，该严则严，可宽则宽；③统筹考虑化工企业厂内处理与公共污水处理系统处理全流程的科学合理性。该标准限值确定采用的技术路线见图 7-8。

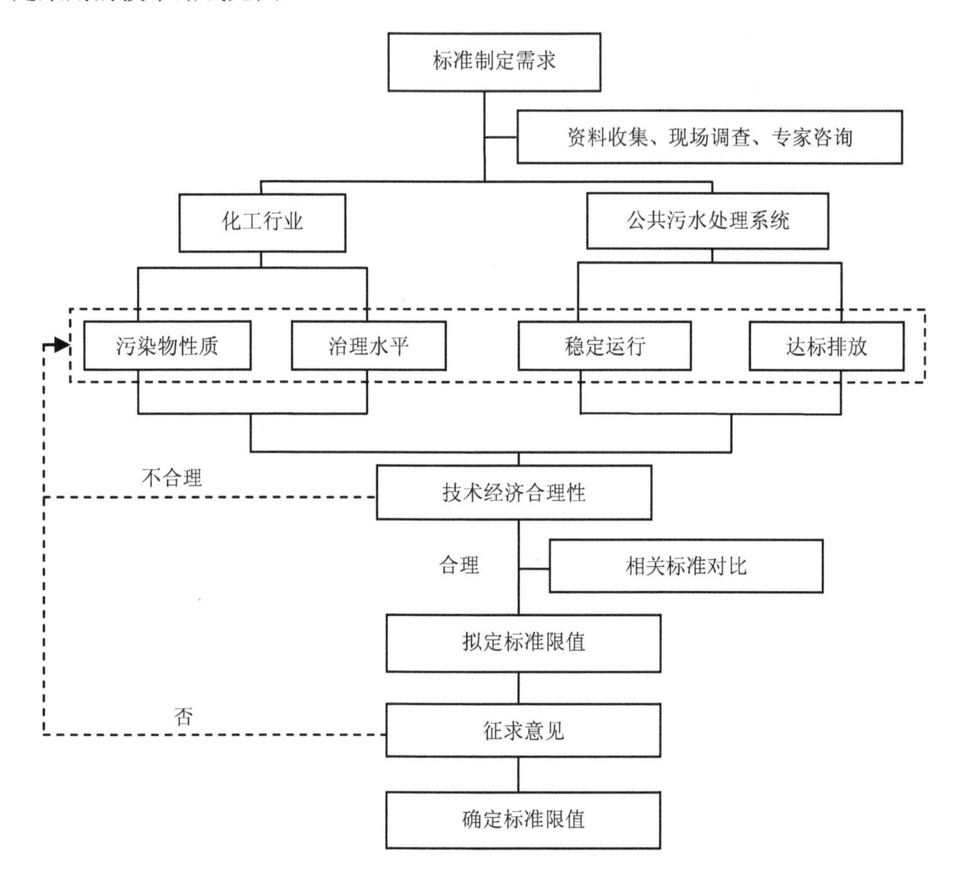

图 7-8　标准限值确定技术路线

（2）化学需氧量（COD）、五日生化需氧量（BOD_5）

化学需氧量（COD）往往作为衡量水中有机物质含量多少的指标，既包括可生物降解的部分，也包括不可生物降解的部分。化工废水通常有机物质含量较多，COD 普遍较高，具有一定的可生化性，常采用生化法进行处理，但其中难以生物降解的部分通常也较多，特别是经化工企业厂内处理后排入公共污水处理系统的污水其可生化性会有较大程度的降低且不易生化降解。因此，化工企业排入公共污水处理设施污水的COD控制不宜过低，也不宜过高。

1）河南省化工行业排放情况

按照《国民经济行业分类》，从中类来看，河南省化工行业COD排放主要来源于肥料制造、基础化学原料制造和专用化学品制造3个中类，分别占河南省化工行业COD排放总量的39%、27%和18%；从小类来看，河南省化工行业COD排放主要来源于氮肥制造、有机化学原料制造、其他基础化学原料制造、化学试剂和助剂制造4个小类，分别占河南省化工行业COD排放总量的37.5%、13.1%、11.1%和6.1%，其中合成氨工业（氮肥制造）等执行相应行业标准。从标准调研情况来看，目前河南省化工间排企业多实际执行《污水综合排放标准》（GB 8978—1996）二级标准，标准要求COD≤150 mg/L，企业实际排放废水COD浓度50～150 mg/L，平均104 mg/L。

2）河南省公共污水处理厂设计、运行情况

调查取得河南省部分公共污水处理厂设计进水、出水水质指标情况，115座污水处理厂设计进水COD 250～700 mg/L、平均369 mg/L、中位数350 mg/L、出水COD 50 mg/L；33座化工园区污水处理厂设计进水COD 300～700 mg/L、平均403 mg/L、中位数380 mg/L、出水COD 50 mg/L。河南省部分公共污水处理厂设计进水COD具体分布情况见图7-9。

公共污水处理厂调查表数据显示，目前河南省污水处理厂实际进水COD浓度100～646 mg/L、平均279 mg/L、实际出水COD浓度14.5～99 mg/L、平均36.5 mg/L。

3）标准限值确定

结合国家污水综合排放标准对间接排放企业的标准要求、河南省公共污水处理厂设计进水水质（考虑到河南省化工行业普遍排放COD，取略低于设计进水水质中等水平）和化工企业现状水污染物排放执行标准，该标准对COD间接排放限值拟定了高、中、低三种控制水平。三种控制水平的综合对比见表7-5。其中中控制水平化工企业处理技术成熟，与河南省公共污水处理厂设计建设水平相适应且经济投入适中，同时化工废水冲击公共污水处理厂的风险小。该标准确定化工企业间接排放废水 COD 标准限值为 300 mg/L、BOD_5 为 150 mg/L。

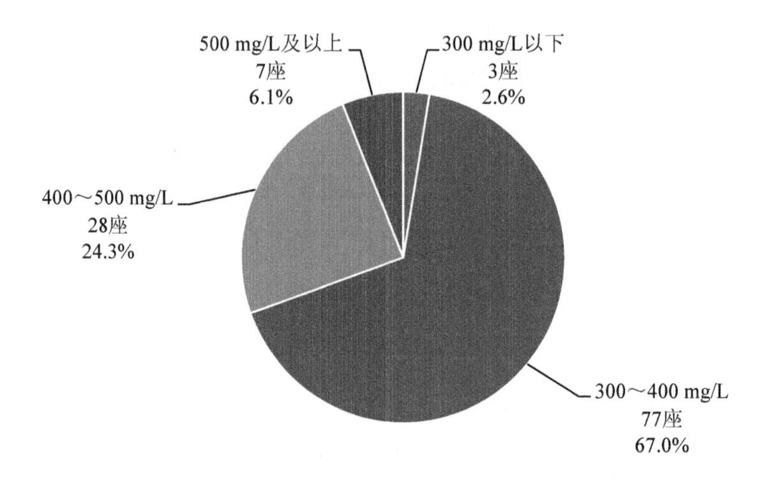

（a）全部污水处理厂

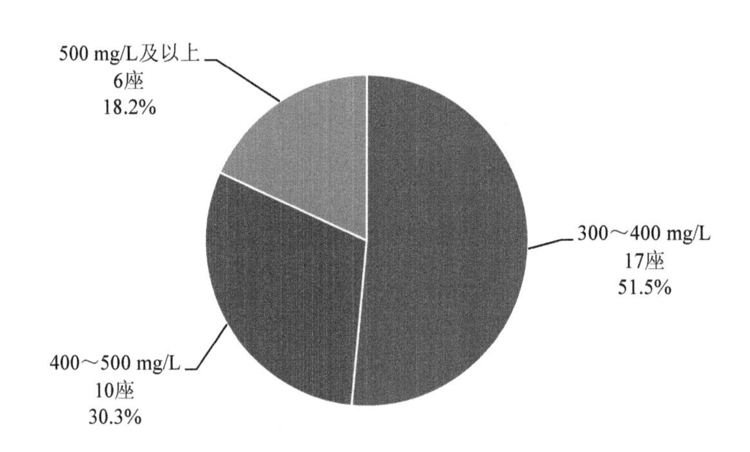

（b）化工园区污水处理厂

图 7-9 河南省部分公共污水处理厂设计进水 COD 分布

表 7-5　不同控制水平、控制方案综合对比　　单位：mg/L

控制水平	COD	氨氮	总磷	化工企业			公共污水处理厂		环境风险
				技术	经济投入	运行费用	设计进水指标	运行费用	
低控制水平	500	50	8	成熟	低	低	高于河南省平均水平	高	有一定风险
中控制水平	300	30	5	成熟	中	中	河南省平均水平	中	风险相对小
高控制水平	150	25	1	成熟	高	高	低于河南省平均水平	中	风险相对小

4）达标技术路线及标准可达性

化工废水往往呈现 COD 高、BOD_5/COD 低的特征，需采用水解酸化、厌氧等处理技术与好氧生化处理技术相结合。对于 COD 低于 1 000～2 000 mg/L 的化工废水，一般采用“水解酸化+好氧生化”工艺，投资为 2 000～4 000 元/t 水，处理费用为 0.3～1.0 元/t 水。对于 COD＞2 000 mg/L、BOD_5/COD 较低的废水，一般采用“厌氧消化+好氧生化”工艺，投资为 3 000～5 000 元/t 水，处理费用为 0.2～0.5 元/t 水。

从标准调研收集数据来看，目前河南省化工间排企业排放废水 COD 浓度多在 150 mg/L 以下，基本可以达到该标准排放限值要求。

（3）氨氮（NH_3-N）、总氮（TN）

废水中氮有以下几种存在形式：有机氮、氨氮、硝态氮（包括亚硝酸盐氮、硝酸盐氮）。含氮废水的净化主要是通过氧化达到无机化、稳定化，所以总氮含量中有机氮和氨氮量的减少、硝态氮所占比例的增加，以及总氮的去除率为重要的净化度指标。具有脱氮功能的生化处理设施可以实现氨氮、总氮的去除，脱氮能力与污水处理设施设计密切相关。

1）河南省化工行业排放情况

按照《国民经济行业分类》，从中类来看，河南省化工行业 NH_3-N 排放主要来源于肥料制造、基础化学原料制造和专用化学品制造 3 个中类，分别占河南省

化工行业 NH_3-N 排放总量的 68%、15%和 10%；从小类来看，河南省化工行业 NH_3-N 排放主要来源于氮肥制造、有机化学原料制造、其他基础化学原料制造、动物胶制造、化学试剂和助剂制造 5 个小类，分别占河南省化工行业 NH_3-N 排放总量的 67%、7%、5%、4%和 3%，其中合成氨工业（氮肥制造）执行行业标准。目前河南省化工间排企业多实际执行《污水综合排放标准》（GB 8978—1996）二级标准，标准要求 NH_3-N≤25 mg/L，企业实际排放废水 NH_3-N 浓度 1～25 mg/L，平均 12 mg/L。

2）河南省公共污水处理厂设计、运行情况

调查取得河南省部分公共污水处理厂设计进水、出水水质指标情况，111 座污水处理厂设计进水 NH_3-N 10～60 mg/L、平均 35.5 mg/L、中位数 35 mg/L、出水 NH_3-N 5 mg/L；33 座化工园区污水处理厂设计进水 NH_3-N 20～50 mg/L、平均 35.2 mg/L、中位数 35 mg/L、出水 NH_3-N 5 mg/L。污水处理厂设计进水 NH_3-N 具体分布情况见图 7-10。

公共污水处理厂调查表数据显示，目前河南省污水处理厂实际进水 NH_3-N 浓度 4.9～100 mg/L，平均 29.7 mg/L；实际出水 NH_3-N 浓度 0.33 ～25 mg/L，平均 4.7 mg/L。

在调查的污水处理厂中，83 座污水处理厂设计进水 TN 30～80 mg/L、平均 47.6 mg/L、中位数 45 mg/L、出水 TN 15 mg/L；25 座化工园区污水处理厂设计进水 TN 30～80 mg/L、平均 45.5 mg/L、中位数 50 mg/L、出水 TN 15 mg/L。污水处理厂设计进水 TN 具体分布情况见图 7-11。

公共污水处理厂调查表数据显示，目前河南省污水处理厂实际进水 TN 浓度 7.7～80 mg/L，平均 39.6 mg/L；实际出水 TN 浓度 2.38～24.7 mg/L，平均 13 mg/L。

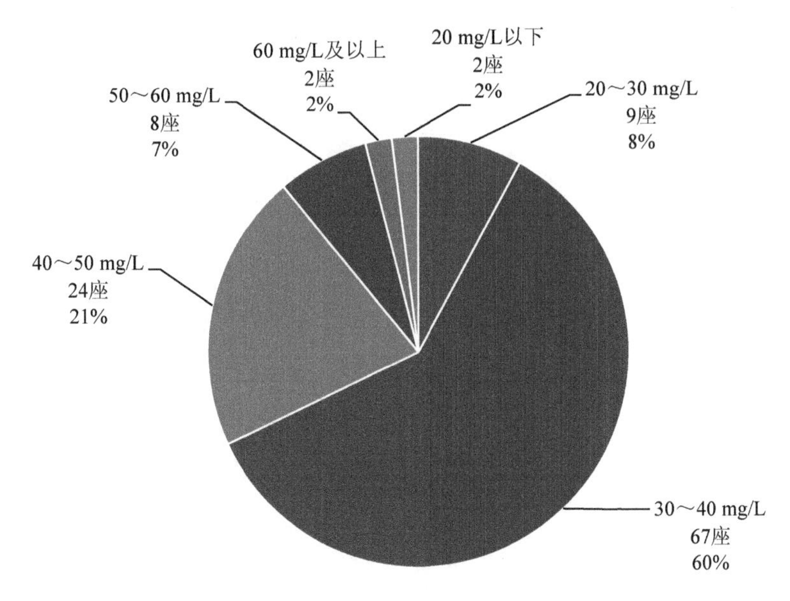

（a）调查的所有污水处理厂

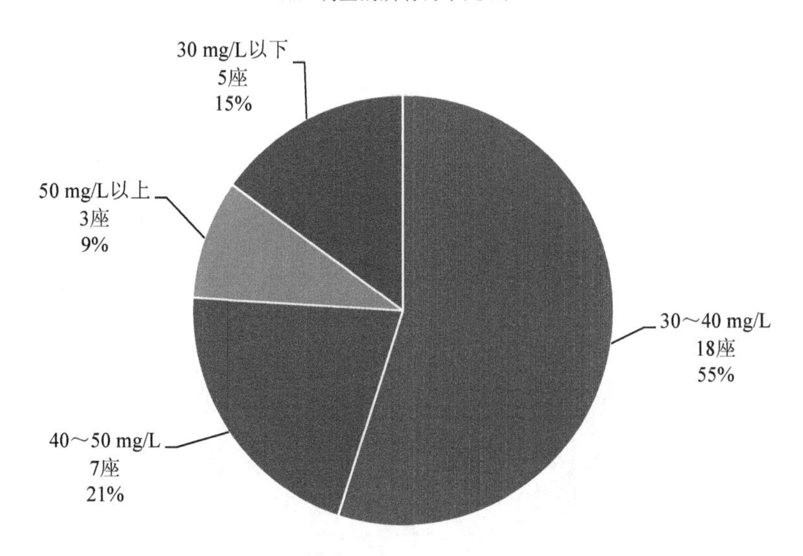

（b）化工园区污水处理厂

图 7-10　污水处理厂设计进水 NH_3-N 分布

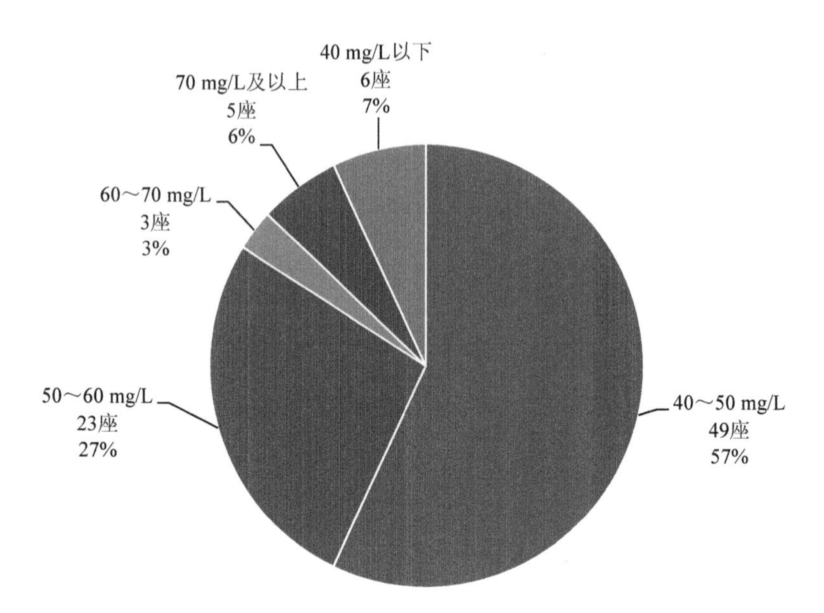

（a）调查的所有污水处理厂

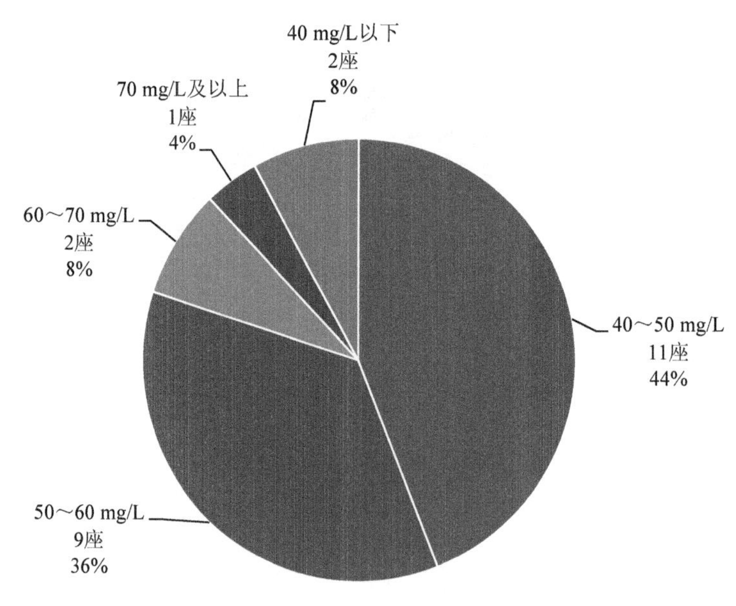

（b）化工园区污水处理厂

图 7-11　污水处理厂设计进水 TN 分布

3）标准限值确定

结合河南省公共污水处理厂设计进水水质和化工企业现状水污染物排放执行标准，该标准对 NH_3-N 间接排放限值拟定了高、中、低三种控制水平。三种控制水平的综合对比见表 7-5。其中，中控制水平化工企业处理技术成熟，与河南省公共污水处理厂设计建设水平相适应且经济投入适中，同时化工废水冲击公共污水处理厂的风险小。该标准确定化工企业间接排放废水 TN 标准限值为 50 mg/L、NH_3-N 为 30 mg/L。

4）达标技术路线及标准可达性

对于高 NH_3-N（NH_3-N＞150～200 mg/L）废水，由于 NH_3-N 的生物毒性，直接进行生化处理，不仅生化处理效率低而且会影响生化处理系统的运行，使 COD、BOD_5 的处理效果变差，因此必须首先进行氨吹脱，将水中的氨转化为气态，从水中去除，然后再进行碱吸收回收氨，或者采用蒸氨工艺，降低废水中的氨含量。蒸氨工艺的建设投资 8 000～10 000 元/t 水，运行费用 10～15 元/t 水，氨吹脱的投资及运行费用均低于蒸氨工艺。

对于 TN 的去除，一般采用以 A/O 为主体的生物处理工艺，如 A^2/O、双 A/O、多级 A/O 等。A/O 脱氮工艺的投资为 2 000～5 000 元/t 水，运行费用为 0.8～2.0 元/t 水。

从标准调研收集数据和化工企业在线监测数据来看，目前河南省化工间排企业排放废水 NH_3-N 浓度基本在 30 mg/L 以下，达到该标准排放限值要求难度不大。由于缺乏河南省化工间排企业 TN 浓度的环境统计数据，根据行业特点、调研情况及环境统计数据化工企业 NH_3-N 产排情况，预计该标准实施后河南省部分化工间排企业 TN 排放难以达到该标准要求，需加大脱氮力度或进行脱氮工艺改造。

（4）总磷（TP）

磷的种类有很多，如有机磷、无机正磷、无机次亚磷、偏磷、焦磷以及多聚磷等，对于不同种类的磷应选择不同的处理方法。常用的除磷方法主要有化学法和生物法。

化学法主要用于无机磷的去除，对正磷酸盐的去除效果较好。化学除磷过程主要包括化学沉淀、凝聚作用、絮凝作用和固液分离这四个过程，通过除磷剂与磷酸根的化学作用形成沉淀，凝聚和絮凝作用增大沉淀颗粒，最终经固液分离去除。无机除磷剂多以铝盐、钙盐、铁盐为主，常用的有硫酸铝、铝酸钠、石灰、氯化亚铁等。化学法除磷可以将正磷酸盐降低到 0.3 mg/L 以下。

化学法除磷只能除去无机磷，对于有机磷或者多聚磷酸盐往往效果很差，而生物法则能够处理有机磷。生物法可将有机磷分解为磷酸盐，同时通过聚磷菌在好氧条件下吸收磷、厌氧条件下释放磷的特性来实现磷的去除。但由于生物除磷工艺目前还不能保证稳定达到 0.5 mg/L 出水标准的要求，因此污水处理厂往往采用“生物+化学”的除磷方法，先通过生物法实现有机磷的分解去除，再通过除磷剂的化学沉淀作用保证出水水质。

河南省以 TP 为特征污染物的化工企业相对较少，主要来源于磷肥制造（执行国家行业标准）、有机磷农药制造、明胶生产等，但较多化工生产中需要使用循环冷却水，水处理中投加含磷阻垢剂，致使循环冷却水排污水中 TP 含量较高，可达到 3～10 mg/L。

河南省公共污水处理厂生化处理系统设计通常以脱氮为主兼顾除磷，多采用“生物+化学”法除磷。调查取得河南省部分公共污水处理厂设计进水、出水水质指标情况，114 座污水处理厂设计进水 TP 1～10 mg/L、平均 4.2 mg/L、中位数 4 mg/L、出水 TP 0.5 mg/L；27 座化工园区污水处理厂设计进水 TP 1～8 mg/L、平均 4.3 mg/L、中位数 4 mg/L、出水 TP 0.5 mg/L。污水处理厂设计进水 TP 具体分布情况见图 7-12。

公共污水处理厂调查表数据显示，目前河南省污水处理厂实际进水 TP 浓度 0.5～13.5 mg/L，平均 3.98 mg/L；实际出水 TP 浓度 0.04～4.61 mg/L，平均 0.63 mg/L。

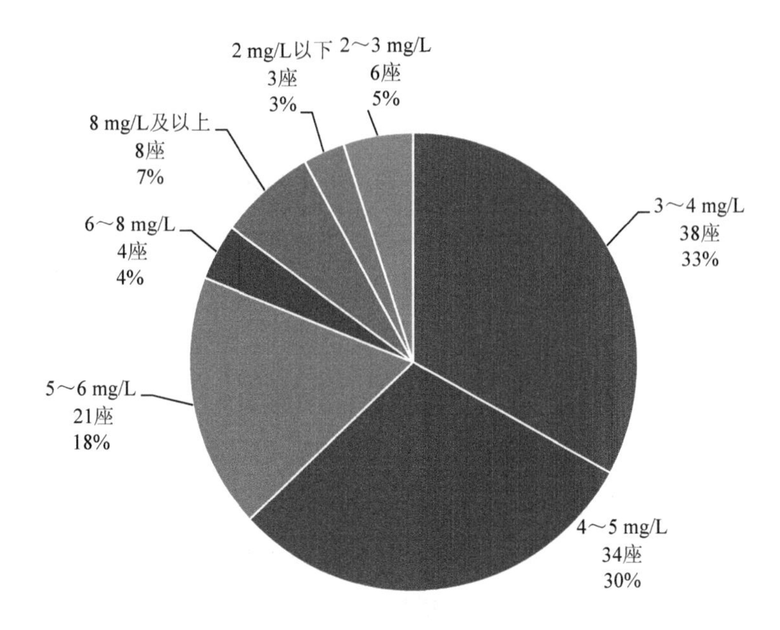

（a）调查的所有污水处理厂

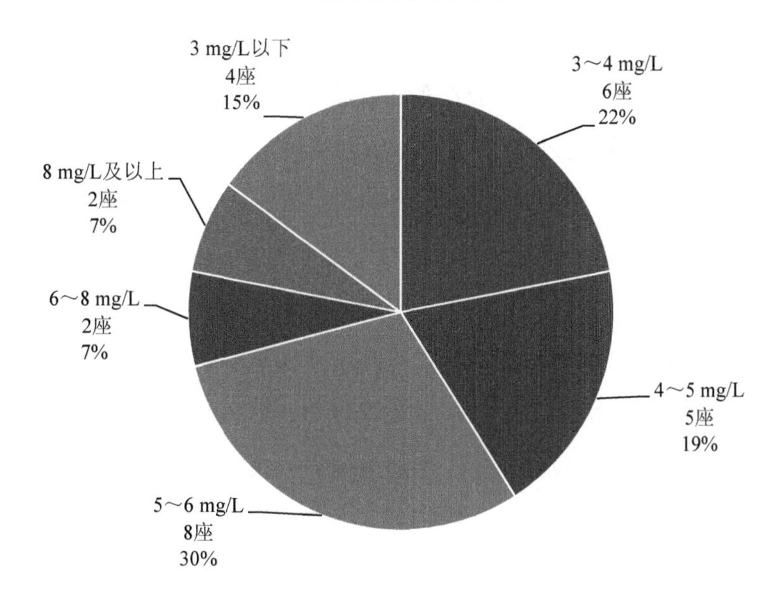

（b）化工园区污水处理厂

图 7-12　污水处理厂设计进水 TP 分布

结合河南省公共污水处理厂设计进水水质和化工企业现状水污染物排放执行标准，该标准对总磷间接排放限值也拟定了高、中、低三种控制水平。其中，河南省公共污水处理厂设计进水水质取值略高于河南省公共污水处理厂设计进水水质中等水平，是考虑到河南省少数化工企业污水以 TP 为特征因子，可与公共污水处理厂其他进水相互均质，从而满足公共污水处理厂进水水质要求。三种控制水平的综合对比见表 7-5。其中，中控制水平化工企业处理技术成熟，与河南省公共污水处理厂设计建设水平相适应且经济投入适中，同时化工废水冲击公共污水处理厂的风险小。该标准确定化工企业间接排放废水总磷标准限值为 5 mg/L。

相关资料显示，有机磷农药生产废水总磷浓度可处理达到 0.1 mg/L 以下；动物胶等生产废水总磷可控制到 4 mg/L 以下。对于循环冷却水，可按照《工业循环冷却水处理设计规范》（GB 50050—2007），选用环境友好型水处理药剂（如低磷或无磷阻垢剂），预计阻垢剂使用成本增加 50%，达到 0.25 元/t 水。该标准实施后，预计河南省化工企业达到该标准总磷控制要求难度不大。

（5）重金属

重金属类属第一类污染物，应在车间排放口达标，按直排标准限值确定，与河南省近期实施流域标准控制水平相当。该标准确定总汞 0.02 mg/L、烷基汞不得检出、总镉 0.05 mg/L、总铬 1.0 mg/L、六价铬 0.2 mg/L、总砷 0.35 mg/L、总铅 0.5 mg/L、总镍 0.5 mg/L、总铍 0.003 mg/L、总银 0.5 mg/L。

重金属污染具有长期性、累积性、潜伏性、不可逆转性的特点，危害大、社会影响大，近年来从国家到地方都高度重视重金属污染防治工作。从治理方法来看，去除重金属离子的方法很多，包括化学沉淀、离子交换、吸附、膜过滤等，技术较为成熟，处理效果较好，可以达到该标准要求。

（6）有机类

该标准的有机类控制项目（有毒有机物）可分为难生化降解因子和易生化降解因子两类。为保证公共污水处理设施的稳定运行、达标排放，对于易生化降解因子适度宽松控制到《污水综合排放标准》（GB 8978—1996）三级标准水平，对于难生化降解因子从严控制到 GB 8978—1996 二级标准水平，即要求难生化降解的有毒有机物由化工企业自行处理。

这就需要化工企业采取清洁生产、高毒废水分类收集预处理、生化处理等措施，才能达到排放标准要求。高毒废水预处理技术常采用高级氧化技术，这是 20 世纪 80 年代发展起来的一种用于处理难降解有机污染物的新技术。根据所使用的氧化剂及催化条件的不同，高级氧化技术通常有 Fenton 及类 Fenton 氧化法、光化学和光催化氧化法、臭氧氧化法、超声氧化法、电化学法、微电解法等，建设投资 800～3 000 元/t 水，运行费用 1.0～3.0 元/t 水。预处理后高毒废水与化工企业其他废水混合后，再采用厌氧消化、水解酸化、好氧等生化处理技术进一步处理。

根据河南省典型化工企业竣工环境保护验收调查报告等相关资料，河南省化工企业间接排放废水挥发酚浓度可控制到 0.05 mg/L 以下，苯胺浓度可控制到 0.061～0.5 mg/L，甲醛浓度可控制到 0.116 mg/L 以下，阴离子表面活性剂浓度可控制到 3.7 mg/L 以下，苯系物中苯浓度可控制到 0.08～0.1 mg/L、甲苯浓度可控制到 0.1 mg/L 以下、二甲苯浓度可控制到 0.166 mg/L 以下。

该标准实施后，河南省化工企业预计可以达到该标准有机类污染物控制要求。

（7）无机类

对于无机类污染物，通常公共污水处理厂难/不可生化降解，对环境的危害相对有机污染物总体稍小，该标准拟适度从严控制。

1）标准限值确定

该标准氟化物、总铁、总氯引用《污水排入城镇下水道水质标准》（CJ 343—2010）B 级标准。总氰化物、硫化物、总铜、总锌、总锰、总硒总体控制到《污水综合排放标准》（GB 8978—1996）二级标准水平。

该标准中溶解性固体标准限值确定原则为：①不影响公共污水处理厂稳定运行；②容许利用公共污水处理厂的稀释作用，通过公共污水处理厂排放后不影响景观用水；③限值确定就大多数企业来说，不上措施就可达标（如对于间接循环冷却水来说，考虑循环倍率及河南省地表水、地下水溶解性固体确定标准限值），但个别企业要上措施才能达标；④中水回用的工业用户对盐类的要求，由工业用户再行处理。

采用高含盐量水进行农田灌溉会引起土壤次生盐渍化等问题，导致土壤结构破坏，降低土壤肥力。据调研了解，从污水处理厂实际运行经验来看，污水盐分控制在 3 000 mg/L 以下，不会影响生化处理系统正常运行。《污水排入城镇下水道水质标准》（CJ 343—2010）B 级标准中规定溶解性固体限值为 2 000 mg/L。山东省对排入城镇下水道的企业溶解性固体要求执行《污水排入城镇下水道水质标准》（CJ 343—2010）。北京市《水污染物综合排放标准》（DB 11/307—2013）提出排入地表水及排入公共污水系统的可溶性固体总量排放限值为 1 600 mg/L。《农田灌溉水质标准》（GB 5084—2005）（盐碱土地区）中全盐量（近似为溶解性固体）标准限值为 2 000 mg/L。河南省地下水溶解性总固体浓度 236～925 mg/L，平均 585 mg/L，其中商丘、濮阳最高，在 840 mg/L 左右，其次为平顶山、新乡、安阳、开封、三门峡，为 658～722 mg/L，这些地区也是河南省化工企业分布相对较多的地区。综合考虑，该标准确定溶解性固体间接排放标准限值为 2 000 mg/L。

2）达标技术及经济投入分析

企业可通过清洁生产、末端治理降低废水中溶解性固体。清洁生产要求企业通过提高管理水平、调整工艺参数、优化生产工艺、调整生产辅料、废物资源化等方式降低废水中盐的产生量。末端治理则是企业通过“膜法+蒸发结晶”或“蒸发结晶”等处理工艺降低废水中盐的排放量。

目前常用的化工废水脱盐技术主要有膜法除盐（超滤和反渗透）和蒸发结晶除盐等。

①膜法。

膜法工艺主要指超滤+反渗透（RO）处理工艺，该工艺主要采用膜分离技术制取脱盐水。超滤原理是一种膜分离过程原理，是利用一种有机或无机超滤膜，在外界推动力（压力）作用下截留水中胶体、颗粒和大分子量的物质，而水和小的溶质颗粒透过膜的分离过程。当水通过超滤膜后，可将水中含有的大部分胶体硅除去，同时可去除大量的有机物等。超滤的采用大大提升了预处理的效果，增强了对反渗透系统的产水率，并且延长了膜的使用寿命。反渗透是用足够的压力使溶液中的溶剂（一般是水）通过反渗透膜分离出来，这个过程和自然渗透的方向相反，因此称为反渗透。经过反渗透处理，使水中杂质的含量降低，提高水的纯度，其脱盐率可以达到99%以上，并能将水中大部分的细菌、胶体、大部分盐类和有机物去除。膜法废水除盐技术属物理分离，虽然将废水中的盐类分离出来，但产生大量的浓水（根据采用的级数占处理水总量的20%～30%），从环保的角度必须再次将浓水进行浓缩处理。膜法工艺脱盐的投资为8 000～15 000元/t水，平均运行成本为6～10元/t。

②蒸发结晶。

蒸发结晶指的是溶液通过溶剂的散失（即蒸发），使得溶液达到饱和状态，继而达到过饱和状态。由于在一定的温度下，一定量的水（或溶剂）所能溶解的某一溶质的质量是有限的，那么多余的溶质就会随着溶剂的减少而析出，即结晶。它适用于温度对溶解度影响不大的物质。

经过膜浓缩后出来的是高浓盐水或化工企业生产废水本身盐浓度很高，已经不适用于膜处理再次浓缩。此时，蒸发技术可以凸显出更高的经济性，成为主要的除硬单元。因此，在浓盐水处理过程中仍然无法脱离蒸发技术，把浓盐水进一步浓缩，满足结晶的需求。其设备材质需要使用高强度、耐腐蚀合金钢，甚至是钛材制造，投资大、能耗极高、运行成本高。

多效蒸发是利用多个串联的蒸发器加热蒸发盐水。前一个蒸发器蒸发出来的蒸汽作为下一个蒸发器的热源并冷凝成为淡水，每一级蒸发器称作“一效”。当蒸发器的效数增加时，一次蒸汽的用量是减少的。但一般情况下，循环蒸发器的串联个数（效数）为3～4个，少数多达6效。在废水处理上，多效蒸发主要适用于高盐分、高有机物含量废水的单独处理，同时配合膜技术实现“零排放”工艺。多效蒸发用蒸汽量较大（处理1 t浓盐水消耗0.2～0.3 t蒸汽），处理成本较高。

多级闪蒸法是针对多效蒸发结塘严重的缺点发展起来的，是将热高浓盐水经过多个温度、压力逐级降低的闪蒸室进行蒸发冷凝而生产淡水的一种盐水淡化方法。不会有溶质析出、积淀及换热管表面结垢，析出的溶质会随浓盐水排出，不在换热管表面积淀结垢，运行维护相对简单，浓盐水预处理要求也较低，技术安全度高；多级闪蒸法工艺成熟，单机生产能力相对较大，特别适合于大型化工废水的处理；装置运行安全、稳定、可靠。但工程投资高，约是反渗透法的 2 倍；动力消耗大；设备的操作弹性小，不适用于水量变化大的场合。

蒸发后的产物并非晶体，蒸发的最终产物要进行固化、结晶处理。由于浓盐水含有的成分复杂，其处理难度远高于海水淡化，因此对结晶反应器的可靠性及结晶工艺的要求更高。目前在全世界处理浓盐水且运行良好的结晶反应器并不多，主要是存在运行可靠性问题。

蒸发结晶工艺投资及运行费用均较高，处理 1 t 浓盐水投资 20 000～100 000 元、运行费用 30～80 元，这就需要企业对高盐废水分类收集、分类预处理。

相关资料测算显示，溶解性总固体在 6 000 mg/L 以下的企业需采用原材料优化、工艺改造等清洁生产技术手段达标，如有少量浓盐水需要分质处理，摊薄增加成本一般不超过 3 元/m^3。溶解性总固体在 6 000 mg/L 以上的企业，可采用“反渗透+浓液蒸发”工艺对高盐废水进行处理，蒸发残液再进行结晶、干燥等，最后污盐进行回收利用或安全处置。对企业末端治理的运行成本进行核算的结果显示，反渗透工艺增加运行费用为 6～10 元/m^3、蒸发结晶工艺增加运行费用为 10～27 元/m^3、安全处置增加运行费用为 1 元/m^3，总计增加成本为 17～38 元/m^3、末端治理工艺成本较高，这就需要企业努力提高清洁生产水平，同时对废水分类收集、处理，达到降低总成本的效果。

3）达标可行性

根据河南省典型化工企业竣工环境保护验收调查报告等相关资料，河南省化工企业间接排放废水总氰化物为 0.02～0.5 mg/L、硫化物为 0.02～0.7 mg/L、氟化物为 7.5 mg/L 以下、总锌为 0.271～0.69 mg/L、总铜为 0.004～0.5 mg/L。

为进一步了解河南省化工企业溶解性固体的间接排放情况，编制组走访了濮阳、开封、新乡、鹤壁、永城等地部分化工企业，并选取典型化工企业进行了实际监测。从调研情况来看，化工企业普遍采用蒸发结晶技术对高盐废水进行预处理，监测结果显示，开封、永城、新乡等地 10 家典型化工企业间接排放废水全盐量（近似为溶解性固体）浓度 452～3 420 mg/L、平均 1 383 mg/L，其中浓度高于 2 000 mg/L 的企业有两家，据了解这两家化工企业中 1 家没有对废水进行脱盐处理，另 1 家建有处理设施但监测取样时没有运行。

该标准实施后，河南省化工企业基本可以达到该标准无机类污染物控制要求。未达标企业通过清洁生产、浓盐水分质处理及末端治理，可达到该标准，但经济成本较高。

8 农村生活污水处理设施水污染物排放标准

8.1 标准工作简介

8.1.1 工作背景

改善农村人居环境、建设美丽宜居乡村，是实施乡村振兴战略的一项重要任务，事关全面建成小康社会、事关广大农民根本福祉、事关农村社会文明和谐，农村生活污水治理是改善农村人居环境的重要内容。农村生活污水排放标准是农村生活污水处理设施建设和管理的重要依据，关系到污水处理技术和工艺的选择以及处理设施建设和运行维护成本。制定经济合理、技术可行、环境效益好的农村生活污水排放标准，将会减少农村生活污水的污染物排放量、改善农村水环境质量、提升农村人居环境。目前国家未制定农村生活污水排放标准，《农村环境连片整治技术指南》（HJ 2031—2013）中要求对农村生活污水连片处理项目中的集中式农村生活污水处理设施排放管理参考《城镇污水处理厂污染物排放标准》（GB 18918—2002）、分散式农村生活污水处理设施排放参考《城市污水再生利用 农田灌溉用水水质》（GB 20922—2007），由于推荐排放标准制定时间较早，且农村生活污水和城镇生活污水在水质水量上存在很大差异，因此采用上述标准进行环境管理时存在诸多问题。

2018年2月，中共中央办公厅、国务院办公厅印发了《农村人居环境整治三年行动方案》（中办发〔2018〕5号），要求“各地区分类制定农村生活污水治理排放标准，梯次推进农村生活污水治理，将农村水环境治理纳入河长制、湖长制管理行动目标。到2020年，实现农村人居环境明显改善、村庄环境基本干净整洁有序、村民环境与健康意识普遍增强”。2018年9月生态环境部、住建部发布的《关于加快制定地方农村生活污水处理排放标准的通知》（环办水体函〔2018〕1083号）（以下简称《通知》）明确要求“各省（区、市）要根据本通知要求，抓紧制定地方农村生活污水处理排放标准，原则上于2019年6月底前完成”。《河南省农村人居环境整治三年行动方案》（豫办〔2018〕14号）要求“分类制定农村生活污水治理排放标准，梯次推进农村生活污水治理”。为贯彻落实国家和河南省重要文件精神，规范河南省农村生活污水处理设施的设计、建设和运行管理，防治农村水环境污染，改善农村水生态环境质量，提升农村人居环境，为河南省农村生活污水治理和水生态环境管理提供标准依据，河南省生态环境厅决定开展《农村生活污水处理设施水污染物排放标准》的制定工作，目前该标准已发布实施。

8.1.2 工作过程

本标准制定工作于2018年5月启动。标准制定工作总体分为调研、项目立项和标准制定三个阶段：

调研阶段（2018年5—10月）：按照河南省生态环境厅工作安排，课题组通过现场调研、调查问卷和召开座谈会等形式对河南省农村生活污水处理现状进行调研，形成《河南省农村生活污水处理适用技术调研报告》，并通过河南省生态环境厅主持的专家技术论证会。

项目立项阶段（2019年3月）：根据河南省地方标准制定工作程序要求，配合河南省生态环境厅准备相关材料，报河南省市场监督管理局进行立项，2019年3月4日河南省市场监督管理局印发通知将本标准列入2019年度河南河南省地方标准制订计划。

标准制定阶段（2018 年 11 月—2019 年 5 月）：2019 年 2 月完成标准征求意见稿，组织召开专家咨询会，3 月通过河南省生态环境厅主持的专家技术论证会。同时分别向生态环境部、省直相关厅局、市县政府和相关单位、河南省生态环境厅相关处室征求意见，并在省厅门户网站和河南省地方标准服务平台上向社会公开征求意见。根据收集的意见和建议对标准进行修改完善，并通过河南省生态环境厅厅长办公会、厅务会审议。2019 年 5 月河南省生态环境厅和河南省质监局共同主持召开标准审查会。

本标准由河南省人民政府 2019 年 6 月 6 日批准，自 2019 年 7 月 1 日起实施。

8.2 河南省自然环境、社会经济概况

8.2.1 自然环境概况

（1）地理位置

河南省位于黄河中下游，因大部分地区在黄河以南，故名河南。两千多年前为中国九州中心之豫州，故简称为“豫”，且有“中州”“中原”之称。河南省处在东经 110°21′～116°39′、北纬 31°23′～36°22′，与冀、晋、陕、鄂、皖、鲁 6 省毗邻，东西长约 580 km，南北跨约 550 km，总面积 16.7 万 km^2，约占全国国土面积的 1.74%，在全国各省（区、市）中居第 17 位。

（2）地形地貌

河南省地貌一级区划分为豫西、南部山地丘陵盆地区和豫东平原区，总体特征为西部山区，东部平原，地势自西向东由中山、低山、丘陵过渡到平原，呈阶梯状下降。中山一般海拔 1 000 m 以上，高者超过 2 000 m；低山 500～1 000 m；丘陵低于 500 m；平原地区海拔大部分在 200 m 以下。河南省山脉集中分布在豫西北、豫西和豫南地区，北有太行山，南有桐柏山、大别山，西有伏牛山，中部、东部和北部由黄河、淮河、海河冲积形成黄淮海平原。西南部南阳盆地是河南省

规模最大的山间盆地，面积约 2.6 万 km^2。按地形划分，山区面积约 4.4 万 km^2、丘陵面积约 2.96 万 km^2、平原面积约 9.30 万 km^2，分别占土地总面积的 26.59%、17.72%和 55.69%。

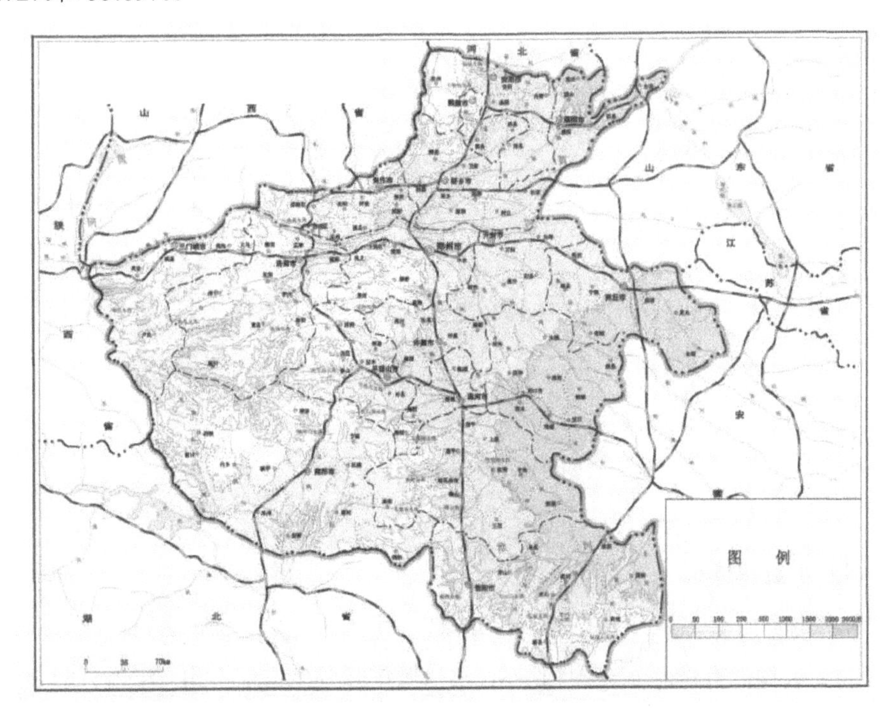

图 8-1 河南省地势、地貌分区

（3）水文概况

河南省地跨长江、淮河、黄河、海河四大流域，其中淮河流域面积 8.83 万 km^2，占全省总面积的 52.8%；黄河流域面积 3.62 万 km^2，占全省总面积的 21.7%；海河流域面积 1.53 万 km^2，占全省总面积的 9.2%；长江流域面积 2.72 万 km^2，占全省总面积的 16.3%。境内河流众多，大小河流 1 500 多条，河川年径流量 303.99 亿 m^3。流域面积在 100 km^2 以上的干支流河道共 491 条，总长 25 453 km，其中流域面积在 5 000～10 000 km^2 的河流 7 条，包括淮干、洪河、沙河、卫河、洛河、白河、丹江；1000～5 000 km^2 的河流 9 条，包括史灌河、汝河、北汝河、颍河、贾

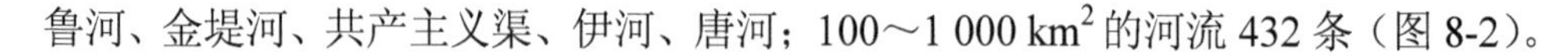

鲁河、金堤河、共产主义渠、伊河、唐河；100～1 000 km^{2}的河流 432 条（图 8-2）。

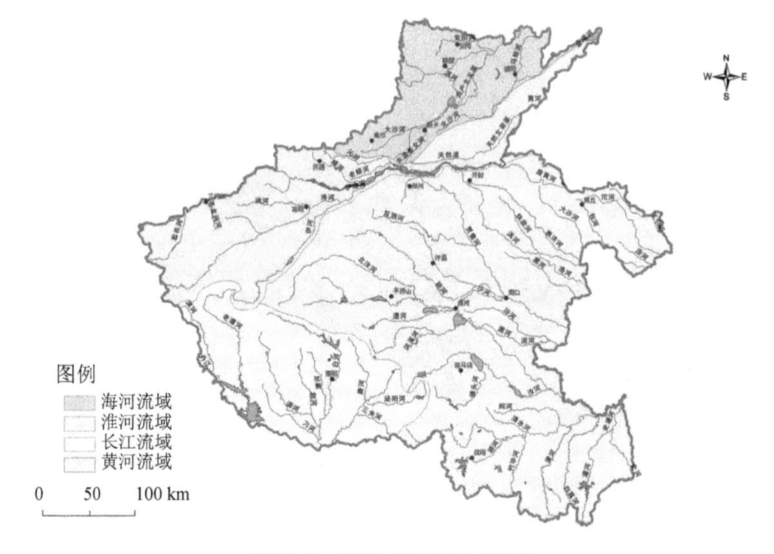

图 8-2 河南省流域水系图

（4）水资源概况

河南水资源缺乏且分布不均，水资源总量居全国第 19 位，地表径流量居全国第 21 位，人均占有量不到全国的 1/6；水资源年际变化丰枯不均，年内分配 60%～80%集中在汛期。多年平均地表水资源量为 312.8 亿 m^3，其中淮河流域 178.5 亿 m^3、黄河流域 47.4 亿 m^3、海河流域 20 亿 m^3、长江流域 66.9 亿 m^3。入过境水量近 475 亿 m^3，相当于全省地表水资源总量的 1.5 倍。

8.2.2 社会经济概况

（1）人口概况

根据河南省统计年鉴，河南省 2017 年年底总人口为 10 853 万人，其中乡村人口 5 409 万人，占 49.8%。按照总土地面积计算，人口密度为 650 人/ km^2，西部山区人口密度仅为 51～181 人/km^2，平原地区人口密度达到 800 人/ km^2 以上（图 8-3）。

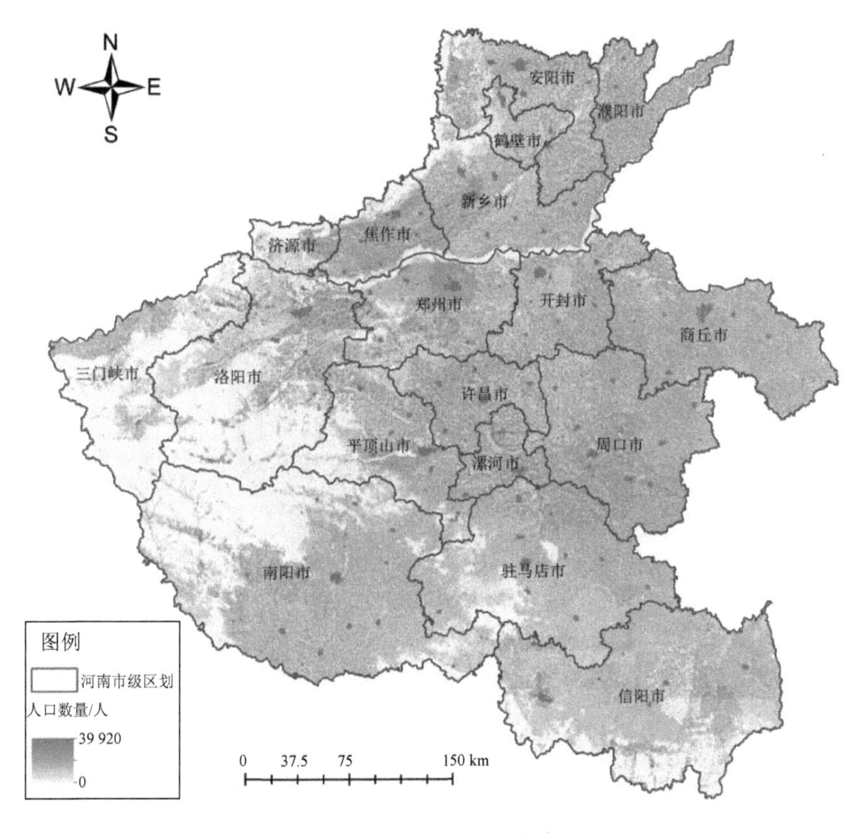

图 8-3 河南省人口密度

（2）经济概况

2017 年，河南地区生产总值 44 552.83 亿元，居全国第 5 位，比上年增长 7.8%，增速排名第 11 位，高于全国平均增速 0.9 个百分点，人均生产总值 46 671 元，居全国第 16 位，三次产业结构比为 9.3∶47.4∶43.3（图 8-4）。

（3）农村状况

河南省是农业大省和人口大省，河南省乡村人口基数大、占比高，农村经济发展程度在全国平均水平以下。

统计数据显示，2017 年全省共有 1 791 个乡镇（其中 1 151 个镇、640 个乡）和 46 198 个行政村，乡村人口 5 409 万人，占全省人口总数（10 853 万人）的 49.8%，明显高于全国平均水平（41.48%）。

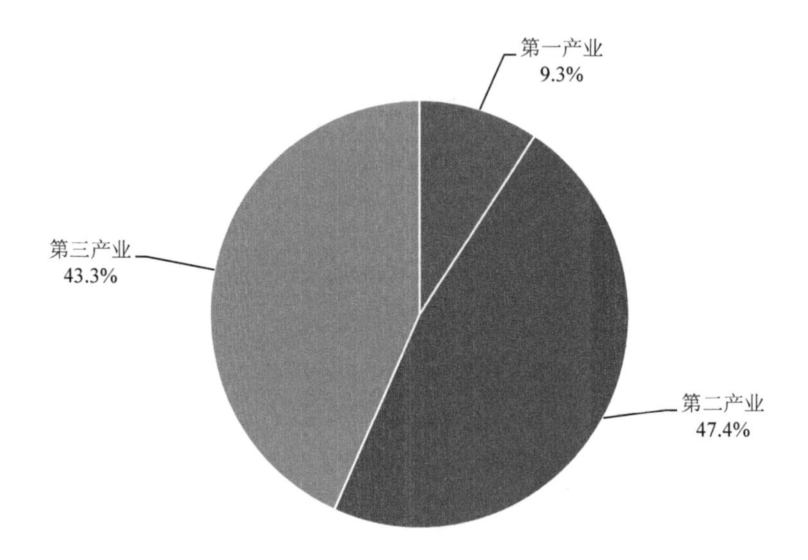

图 8-4　2017 年河南省三次产业结构占比

2017 年，全国农村居民人均可支配收入 13 432 元，河南省农村居民人均可支配收入 12 719 元，河南省明显低于全国平均水平；全国农村居民人均消费支出 10 955 元，河南省农村居民人均消费支出 9 212 元，河南省明显低于全国平均水平。

河南省是水资源严重短缺地区，人均水资源量仅为全国平均水平的 1/6。随着经济社会的快速发展，水资源短缺的问题日益突出。

8.2.3　地表水环境质量状况

（1）水环境功能区划

根据《河南省水环境功能区划》，水质目标为 I 类的功能区 6 个，占 3%；II 类的功能区 26 个，占 14%；III类的功能区 80 个，占 44%；Ⅳ类的功能区 46 个，占 26%；V 类的功能区 23 个，占 13%。各级目标水质功能区见表 8-1。

表 8-1 河南省水环境功能区类别汇总

功能区水质目标	功能区		河段	
	个数/个	所占比例/%	长度/km	所占比例/%
I	6	3	279	3
II	26	14	1 148	13
III	80	44	4 124	46
IV	46	26	2 247	25
V	23	13	1 123	13
总计	181	100	8 921	100

全省 181 个功能区中，海河流域有 31 个功能区，河流长 1 110 km，占 12%；黄河流域有 40 个功能区，河流长 1 981 km，占 22%；淮河流域有 88 个功能区，河流长 4 626 km，占 52%；长江流域有 22 个功能区，河流长 1 204 km，占 14%。

（2）水环境质量状况

根据《2017 年河南省环境状况公报》统计，按照《地表水环境质量评价办法（试行）》（环办〔2011〕22 号），按 21 项监测因子对地表水环境质量进行评价，全省河流水质级别为轻度污染，其中省辖海河流域为中度污染，淮河流域、黄河流域为轻度污染，长江流域为优。淮河流域主要污染因子为化学需氧量、五日生化需氧量和高锰酸盐指数；海河流域主要污染因子为化学需氧量、氨氮和总磷；黄河流域主要污染因子为化学需氧量、总磷和氨氮。水质类别按《地表水环境质量标准》（GB 3838—2002）评价，省控监测断面中符合 I ～III类标准的占 57.5%；符合IV类标准的占 24.8%；符合 V 类标准的占 7.8%；水质为劣 V 类的占 9.2%；断流断面占 0.7%。

8.3 河南省农村生活污水处理及排放现状

河南省是农业大省，农村人口基数大，生活污水排放总量大，由于经济基础条件较差，农村生活污水不能得到有效的收集和处理，部分村庄仍存在生活污水横流现象，严重影响农村水生态环境质量，已成为全面改善农村人居环境、全面建成小康社会的短板和亟须解决的突出环境问题之一。农村生活污水主要污染物为有机物、氮和磷等。目前，河南省已开展并推进济源、巩义、兰考、新密4个国家级农村生活污水治理示范县（市）建设，启动了省级农村生活污水治理试点工作。

8.3.1 农村生活污水水质水量特点

农村生活污水是指农村居民生活活动中产生的污水，主要包括冲厕、炊事、洗涤、洗浴等活动产生的污水，不包括工业废水和畜禽养殖废水。

河南省农村生活污水不同于城镇的生活污水，城镇生活污水大多由城市排水管网汇集并输送到城镇污水处理厂进行处理，具有量大、集中等特点。而农村污水一般没有统一的污水排放口，排放比较分散。很多农村尚无完善的排水系统，雨水和污水均沿道路边沟或路面排至就近水体。有排水系统或管道的地区，除小部分经济条件较好的农村实行雨污分流制系统外，大部分地区采用的是合流制排水系统，甚至没有排水系统。因此，河南省农村生活污水的水质、水量、排水方式有一定的特殊性。

①污水量小且分散。河南省村庄数量多、分布广，部分地区村庄规模小、散乱且地形杂、地域特征明显，总体来看，以村户为单元的污水收集排放呈现出水量小且分散的特点，造成农村生活污水不易收集处理。

②水质水量变化大。由于农村居民生活规律相近，农村污水的排放一般在上午、中午、下午各有一个高峰时段，夜间排水量小，甚至可能断流，即污水排放呈不连续状态。一般农村生活污水量都比较小，污水排放不均匀，水量变化明显，瞬时变化较大，日变化系数一般在 3.0～5.0，在某些变化较大的情形下甚至可能达到10.0以上。此外，河南省农村外出务工人数多，节假日和农忙季节排放量显著增加，且不同地区的农村生活污水水质差异大。

③总量大且逐年增加。农村人口总数占河南省人口总数近一半，农村污水的排放总量巨大，随着农村的进一步发展和农村居民生活水平的提高以及农民生活

方式逐步城市化，农村生活污水的排放量不断增加。

④水污染物以有机物和氮、磷为主。农村生活污水水质因来源不同而差异较大，农村生活污水中基本不含重金属和有毒有害物质，而有机物和氮、磷浓度较高，可生化性一般较好。

为进一步掌握河南省农村生活污水水质特点，选取河南省东、南、西、北和中部不同地域、不同地形的农村生活污水进行水质分析，于 2018 年 11—12 月对信阳市平桥区、郑州市中牟县、洛阳市栾川县、漯河市临颍县、郑州市登封市、开封市兰考县、安阳市汤阴县多个村庄的生活污水进行取样监测，并收集前期调研数据进行分析，结果见表 8-2。

表 8-2　河南省部分地区农村生活污水水质抽样分析结果　　单位：mg/L（pH 量纲一）

采样地点	COD_{Cr}	SS	NH_3-N	TN	TP	动植物油类	阴离子表面活性剂	pH
信阳市平桥区 A 设施	76.2	/	43.4	/	5.83	/	/	/
信阳市平桥区 B 设施	241	/	106.8	/	2.38	/	/	/
郑州中牟县 C 设施	138	88	63.1	69.2	4.36	1.65	4.73	6.87
漯河市临颍县 D 设施（豆腐加工）	15 160	80	61.4	695	78.0	27.8	26.7	4.26
郑州市登封市 E 设施	244	153	197	255	16.1	5.58	6.62	7.06
郑州市登封市 F 设施	327	23	76.2	89.2	5.16	6.86	2.77	6.65
开封市兰考县 G 设施	68	13	26.2	36.4	1.86	1.52	9.32	6.90
安阳市汤阴县 H 设施	223	35	98.4	118	7.56	8.76	7.99	7.35
平顶山市叶县 I 设施	470	/	45.0	/	6.8	/	/	/
漯河市召陵区 J 设施	150	/	28.5	/	5.0	/	/	/
许昌市禹州市 K 设施	220	/	13.5	/	5.2	/	/	/
许昌市许昌县 L 设施	320	/	36.0	/	1.3	/	/	/
郑州市新密市 M 设施	280	/	18.9	/	4.0	/	/	/
郑州市中牟县 N 设施	250	/	38.0	/	4.6	/	/	/
周口市扶沟县 O 设施	660	/	30.0	/	4.8	/	/	/

由表 8-2 可以看出，不同区域农村生活污水水质差别较大，部分污水 C/N 比值低，不利于生物脱氮。当农村污水混有工业废水或生产废水时，其污染程度增加，处理难度增大。

8.3.2 农村生活污水处理现状

自河南省开展农村环境连片综合整治以来，各级政府和相关职能部门开始重视农村生活污水问题，逐步进行农村生活污水收集和处理设施建设，不断增加财政资金支持。随着近年来农村环境综合整治的深入推进和文明乡镇、美丽乡村建设要求，农村生活污水收集和处理设施建设规模和数量逐年增加，为了解河南省已建成的农村生活污水处理设施运行维护情况、正在建设和计划建设的农村生活污水处理设施的建设情况及存在的问题，通过资料查阅、发放调查问卷，结合现场调研情况，分析河南省农村生活污水处理现状。

（1）农村改厕情况

厕所污水是农村生活污水的重要组成部分，与农村水环境质量息息相关。“厕所革命”开展情况直接关系到农村生活污水的水质和水量，对收集和处理技术选择起着决定性的作用。农村生活污水收集包括黑水和灰水的收集，其中黑水主要来自冲厕用水，目前河南省农村改厕工作正在逐步开展。通过对发放的问卷进行回收统计分析，在填写相关内容的 1 197 个村庄中有 884 个为旱厕，约占 73.85%；224 个村庄已改成水冲式厕所，约占 18.71%；89 个村庄既有旱厕也有水冲式厕所，约占 7.44%。

（2）农村生活污水收集情况

目前，由于经济条件、自然条件和生活习惯等的限制，以及农村生活污水分布范围广、相对分散等特点，河南省农村生活污水收集困难。小部分农村建设有完整配套的污水管网，污水通过管网进行收集；大部分农村没有完整的收集管网，入户收集效率低下，且生活污水与雨水一起通过沟渠进行收集，由于缺少必要的防渗设施和处理设施，污水不能得到有效收集处理；另外一部分农村生活污水未进行收集，造成农村地区生活污水横流，影响农村人居环境和水生态环境质量。

在建设有处理设施的村庄，生活污水常用的收集方式主要包括管网和沟渠。通过对调查问卷的分析，在 467 个填写有收集方式的农村生活污水处理设施中管网收集 394 个（占比 84%）、沟渠收集 41 个（占比 9%）、沟渠+管网收集 32 个（占比 7%）。在未建设污水处理设施的村庄，管网覆盖率低，污水不能得到有效收集。

（3）农村生活污水处理情况

从调查问卷的回收情况统计来看（图 8-5），目前已建有 654 个农村生活污水处理设施、覆盖 741 个村庄，正在建设和计划建设的农村生活污水处理设施 1 126 个、覆盖 1 283 个村庄。在调查的已建成的农村生活污水处理设施中能运行的有 274 个，占比 41.9%。河南省农村生活污水处理设施建设的数量和处理能力远不能满足环境治理需求。

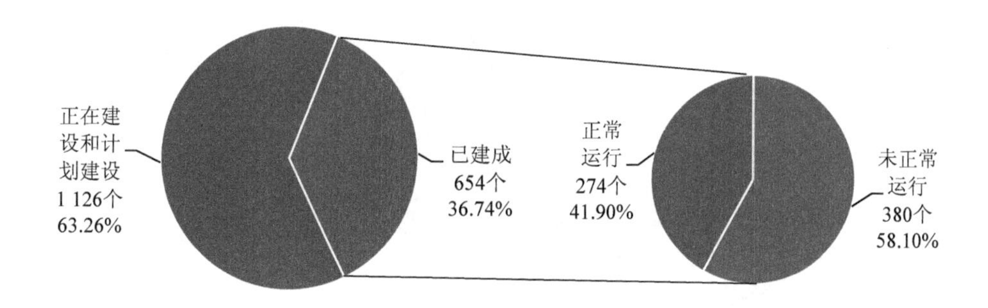

图 8-5 河南省农村生活污水处理设施建设和运行情况

从上述情况可以看出，河南省农村污水收集和处理设施尚不健全，水环境污染问题突出。农村生活污水收集管网覆盖面小、收集率低，且受到资金、专业技术人员短缺的限制，已建成的污水处理设施难以正常稳定运行，出现了“吃不饱”和“晒太阳”现象。

8.3.3 农村生活污水处理设施排放标准

调查问卷共收集到 1 210 个农村生活污水处理设施的设计出水水质标准，其中出水水质标准执行《城镇污水处理厂污染物排放标准》（GB 18918—2002）一级 A 标准的有 510 个，占比 42.15%；执行 GB 18918—2002 一级 B 标准的有 648 个，占比 53.55%；出水水质标准为其他标准的数量为 52 个（《污水综合排放标准》（GB 8978—1996）二级标准 34 个、三级标准 1 个，《农田灌溉水质标准》（GB 5084—2005）13 个，《城镇污水处理厂污染物排放标准》（GB 18918—2002）二级标准 2 个，其他标准 2 个），占比 4.30%。

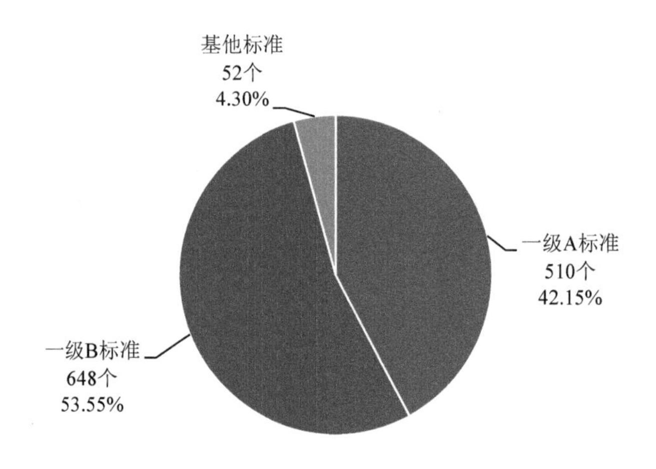

图 8-6 河南省农村生活污水处理设施执行标准情况

总体来看，缺少农村生活污水的排放标准，农村生活污水处理设施排放标准执行 GB 18918—2002 中一级 A 标准和一级 B 标准的比例达到 95.7%，处理设施建设投资大、运行费用高。

8.3.4 农村生活污水处理技术

根据调查问卷统计分析，共有 1 028 个农村生活污水处理设施填写了处理工艺技术，其中人工湿地 97 个、氧化塘 53 个、一体化微动力装置 41 个、厌氧+人工湿地 77 个、A/O 工艺 117 个、A/O+人工湿地 49 个、A/O+接触氧化 79 个、A^2/O 工艺 59 个、A^2/O+人工湿地 50 个、MBR 工艺 139 个、生物转盘工艺 38 个、氧化沟工艺 19 个、生化+深度处理 118 个、其他处理技术 92 个，从中可以看出，河南省农村生活污水处理技术主要以（厌氧+）人工湿地、A/O（+人工湿地/接触氧化/深度处理）、A^2/O（+人工湿地）、MBR 工艺、氧化塘和一体化微动力装置为主，占比约为 85.5%。

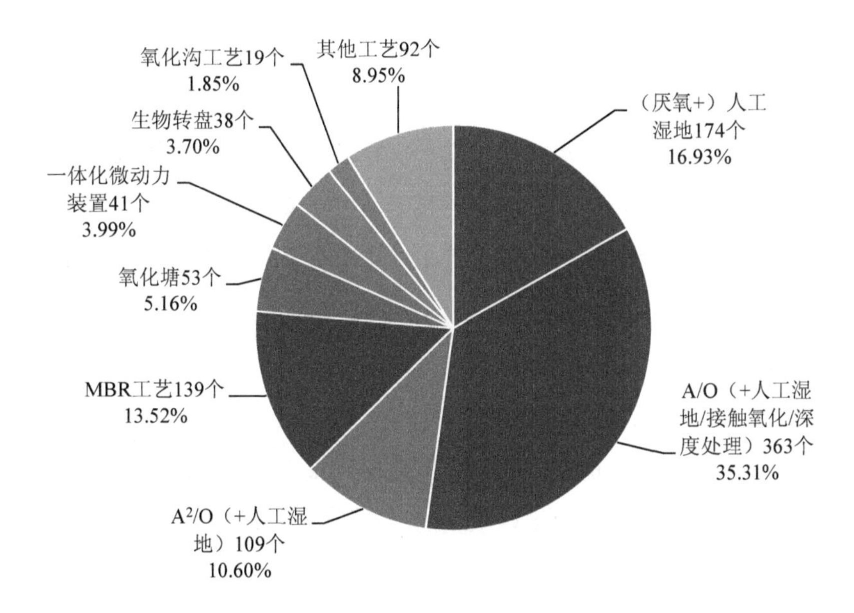

图 8-7 河南省农村生活污水处理设施处理技术工艺情况

处理技术的选择主要依据排放标准，执行排放标准的多元化、处理技术的多种性，造成农村生活污水处理技术选择困难。参照城市污水处理设施标准选择处理技术导致成本过高、运维费用难以承受而无法正常运行。

8.3.5 存在的问题

通过对河南省农村生活污水排放情况和污水处理设施建设、运行维护现状的问卷统计分析、现场实际调研情况和相关企业的座谈交流，目前河南省农村生活污水处理主要存在以下问题：

①管网覆盖率低，污水收集困难。河南省农村地区生活污水分散、总量大，受自然条件和经济发展水平限制，加上农村地区居民生活习惯，收集管网不完善、管网覆盖率较低，沟渠和边沟未能建设防渗措施等因素，且农村生活污水水量不稳定，节假日排放量显著增加，水量昼夜变化大，早晚比白天大，夜间排水量小，污水排放呈不连续状态，导致河南省农村生活污水收集困难，绝大多数农村生活污水处理设施实际处理规模小于甚至远小于设计规模，导致污水处理设施出现“吃不饱”现象，影响处理设施运行效率。

②重建设轻运维，难以稳定达标。处理设施建设是基础，其运行维护才是农村生活污水处理的关键所在。已建成的农村生活污水处理设施运行比例偏低，在处理设施建设完成后对于后期的运行维护工作不重视，导致处理设施不能稳定达标运行，影响农村生活污水处理效率。

③排放标准针对性不强，处理技术选择困难。由于目前农村生活污水缺少有针对性的排放标准，各地对排放标准的要求不一致，且生活污水处理技术多种多样，因此造成污水处理技术选择困难。大多数参照城市污水处理设施标准选择处理技术导致成本过高、运维费用难以承受而无法正常运行；选择简单的处理技术在运行后不能稳定达标排放，短期内需要进行工艺的再次升级改造，造成处理成本增加。

④监控管理不规范。在实际调研过程中发现农村生活污水处理设施自动化程度低，加上缺少专业管理人员，造成运行和监控管理不规范，缺少对污水处理设施出水水质的有效监测，无法判断是否达到设计或者当地环保部门要求标准就排

入水体。

⑤资金投入力度不够，缺少专业技术人员。虽然河南省在农村生活污水治理方面正在不断加大投资力度，但由于河南省农村数量多、分布广、人口众多，目前资金投入力度仍然偏小，且资金来源以政府财政为主。目前农村生活污水处理设施专业技术人员严重缺乏，运维人员多为乡镇工作人员或者聘用附近村庄居民，对污水处理知识知之甚少，污水处理设施不能进行有效的运维，难以稳定达标排放。

8.4 标准制定总体思路

8.4.1 基本思路

以习近平生态文明思想为指导，认真贯彻落实全国生态环境大会和河南省生态环境大会精神，以改善农村人居环境和水生态环境质量为核心，坚持从实际出发，因地制宜地将污染治理与资源利用相结合、生态措施与工程措施相结合、集中处理与分散处理相结合，以农村生活污水处理设施“建得省、用得起、好运维、见实效”为基础，以完成有机污染物降解、防止黑臭为目标，确保处理模式和处理技术简便、适用、有效，综合考虑水生态环境保护和项目设计、建设、运维和监管全过程，全面统筹建立技术标准体系。

8.4.2 制定原则

（1）从实际出发原则

综合考虑河南省农村状况、农村人居环境改善需求和农村生活污水处理模式、处理技术发展水平，力求标准科学合理、经济可行、易于操作。

（2）差别化控制原则

各地水环境特点不同、村庄排水去向不同，标准限值的确定需要根据实际情况区别对待，分区分级、宽严相济。

（3）注重实效长效原则

以“建得省、用得起、好运维、见实效”为中心，引导河南省农村污水处理模式和处理技术向简便、适用、有效的方向发展。

（4）便于监督管理原则

力求标准简便、易读、好用，便于基层环保人员操作，为农村生活污水处理设施监管提供标准和法律依据。

（5）多方参与原则

标准制定中采取多种方式征求政府、治理企业和运维企业、行业专家、环境管理部门等的意见，兼顾各方实际情况和需求，以保证标准的科学性、针对性和可操作性。

8.4.3 技术路线

本标准制定采用资料调研、现场调研监测和主管部门座谈、专家咨询相结合的方案。通过文献资料调研和实地考察，充分了解河南省农村生活污水排放特点、处理现状和处理技术状况，根据国家和地方污染物排放标准制定要求，确定标准技术内容、控制项目和标准限值、监测方法和标准的实施与监督等内容，起草标准文本和编制说明征求意见稿，在广泛征求意见的基础上形成送审稿，经主管部门审查后形成报批稿。

本标准制定技术路线见图 8-8。

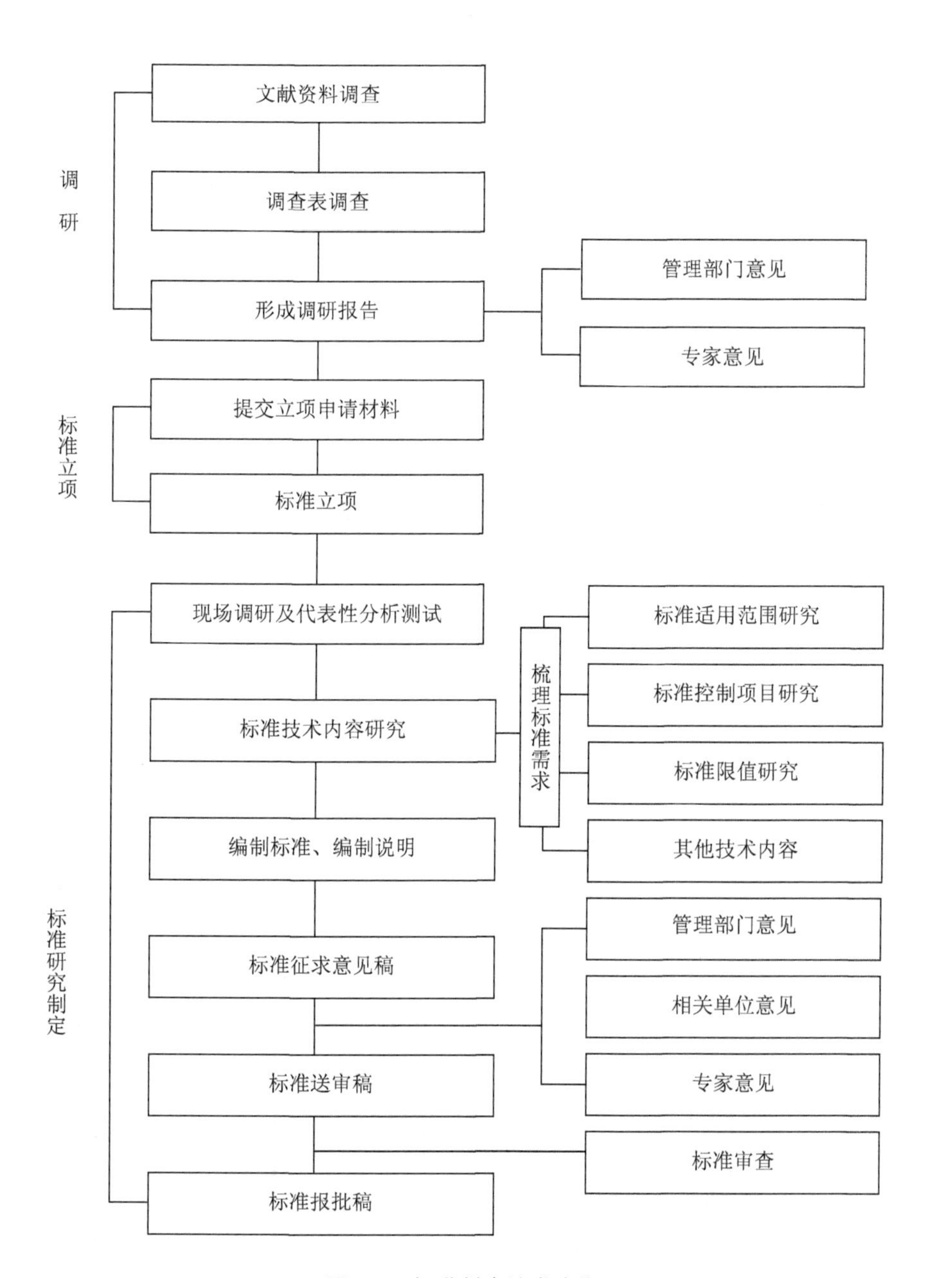

图 8-8　标准制定技术路线

8.5 标准主要技术内容

8.5.1 内容框架

综合考虑河南省农村人口、经济、区位情况、水生态环境保护需求，以及农村生活污水处理技术经济性和运行管理水平，该标准考虑“分排水去向、分规模、分级别、分指标、分时段”控制（表 8-3）。

表 8-3 本标准控制项目及标准限值 单位：mg/L（pH 量纲一）

处理设施类别		级别	控制因子	标准限值
处理规模	排水去向			
10（不含）～500 m³/d（不含）	GB 3838 Ⅱ类、Ⅲ类水体和湖、库等封闭水体	一级标准	pH	6～9
			化学需氧量	60
			悬浮物	20
			氨氮	8（15）*
			总氮	20
			总磷	1
			动植物油	3
	GB 3838 Ⅳ类、Ⅴ类水体和水环境功能未明确的池塘等封闭水体	二级标准	pH	6～9
			化学需氧量	80
			悬浮物	30
			氨氮	15（20）*
			总氮	—
			总磷	2
			动植物油	5
	沟渠、自然湿地和其他水环境功能未明确水体等	三级标准	pH	6～9
			化学需氧量	100
			悬浮物	50
			氨氮	20（25）*
小于 10 m³/d（含）	—		总氮	—
			总磷	—
			动植物油	5

注：* 括号外数值为水温＞12℃时的控制指标，括号内数值为水温≤12℃时的控制指标。

（1）分排水去向

河南省农村分布广泛，区位条件不同、排水去向不同、受纳水体环境敏感程度不同、对水环境影响程度不同，本标准按照不同排水去向执行不同排放标准。

出水直接排入 GB 3838 Ⅱ类、Ⅲ类水体和湖、库等封闭水体，出水直接排入 GB 3838 Ⅳ类、Ⅴ类水体和水环境功能未明确的池塘等封闭水体，以及出水排入沟渠、自然湿地和其他水环境功能未明确水体等的处理设施，执行不同的排放标准。水环境功能要求越高执行标准越严格。

（2）分规模

河南省平原、山区农村人口分布特点不同，污水排放量不同，对水环境影响大小、处理设施投资运行费用、运行管理水平要求都会不同。本标准对处理规模 10 m^3/d 以下（含）处理设施的控制要求宽松于 10 m^3/d 以上（不含）处理设施。

平原地区村庄人口聚集程度高，山区、丘陵地区村庄人口分散。根据调查问卷统计结果，河南省已建成的农村生活污水处理设施中处理规模 10 m^3/d 以下（含）约占 10%。参考河南省农村居民生活用水量取值计算，山区丘陵地带的分散型村组污水产生量应不超过 10 m^3/d（以人口数不超过 200、人均用水量 50 L、排水系数 0.8、日变化系数 1.2 计算），由于污水收集困难、排放规模小、对受纳水体的环境影响小、环境承载能力和土地消纳能力较强，且在同一排放标准下污水处理设施规模越小、污水排放点位越分散，其吨水投资成本、运维费用大幅提高，因此，以 10 m^3/d 进行规模划分，且适当放宽对规模在 10 m^3/d 以下的农村生活污水处理设施的排放要求。

（3）分级别

根据农村生活污水处理设施处理规模、排入水体的水环境功能区划等，将本排放标准分三级管控，对水环境影响越大、受纳水体环境管理要求越高，执行标准越严格。

（4）分指标

考虑到生活污水特征污染物的控制，本着经济适用、易于监督管理的原则，按照《关于加快制定地方农村生活污水处理排放标准的通知》和《农村生活污水处理设施水污染物排放控制规范编制工作指南（试行）》要求，本标准确定了 7 项控制因子，其中 pH、悬浮物、化学需氧量、氨氮、动植物油 5 项指标所有情形都要控制，在对受纳水体环境管理要求较高的地区将总磷指标作为防止受纳水体富营养化的主要控制因子，在对受纳水体环境管理要求严格的地区，同时控制总磷和总氮指标。

（5）分时段

现有农村生活污水处理设施自标准实施后一年起执行本标准要求。

新建农村生活污水处理设施自标准发布实施之日起执行本标准要求。

8.5.2 控制因子选择

（1）控制因子筛选原则

本标准控制因子筛选原则：①符合农村生活污水污染排放特征；②与农村地区技术、经济和管理水平相适应；③满足水环境保护需求；④与国家要求相衔接。

（2）农村生活污水特征污染物

农村生活污水特征污染物主要分为以下五类：

①有机污染物：纤维素、蛋白质、油脂、淀粉等，一般以 COD_{Cr}、BOD_5、动植物油表征。

②营养型污染物：氮、磷等，一般以氨氮、总氮、总磷表征。

③无机悬浮物：泥沙、水力排灰等，一般以悬浮物（SS）表征。

④洗涤用品使用产生的污染物：包括磷、表面活性剂等，一般以总磷和阴离子表面活性剂（LAS）表征。

⑤病原体、病原菌和寄生虫卵等，一般选取粪大肠菌群进行控制。

（3）《关于加快制定地方农村生活污水处理排放标准的通知》

通知中提出：出水直接排入环境功能明确的水体，控制指标和排放限值应根据水体的功能要求和保护目标确定。出水直接排入Ⅱ类和Ⅲ类水体的，污染物控

制指标至少应包括 COD_{Cr}、pH、悬浮物、氨氮等；出水直接排入Ⅳ类和Ⅴ类水体的，污染物控制指标至少应包括 COD_{Cr}、pH、悬浮物等。出水排入封闭水体或超标因子为氨磷的不达标水体，控制指标除上述指标外应增加总氮和总磷。

（4）《农村生活污水处理设施水污染物排放控制规范编制工作指南（试行）》

工作指南中提出：控制指标至少应包括 pH、悬浮物和 COD_{Cr} 三项基本指标。其中，出水直接排入 GB 3838 Ⅱ类、Ⅲ类功能水域（划定的饮用水水源保护区除外）、《海水水质标准》（GB 3097—1997）（以下简称 GB 3097）二类海域及村庄附近池塘等环境功能未明确的小微水体，除上述基本指标外，应增加氨氮；出水排入封闭水体，除上述指标外，应增加总氮和总磷；出水排入超标因子为氮、磷的不达标水体的，除上述指标外，应增加超标因子相应的控制指标。含提供餐饮服务的农村旅游项目生活污水的处理设施，除上述基本指标外，应增加动植物油。各地可根据实际情况增加控制指标。

（5）控制因子确定

pH、COD_{Cr} 和悬浮物是判断水质的最基本指标，作为本标准所有情形下都必须控制的项目。

对 BOD_5 和 COD_{Cr} 两项指标，二者均反映水体受有机物污染的情况，由于农村生活污水可生化性较好，BOD_5 和 COD_{Cr} 两项指标具有一定相关性，但 BOD_5 测定所需时间较长，在农村环境监测管理中不易操作，COD_{Cr} 属于国家重点控制污染物且监测便捷，因此选取 COD_{Cr} 作为控制指标。

氮、磷等营养物质是水体发生富营养化的最主要原因，也是藻类最重要的细胞组成化学成分。根据利贝格最小值定律，藻类生长取决于外界提供给它所需养料中数量最小的一种，因此，通过重点控制氮、磷两种营养物质中的一项，可有效控制水体富营养化的发生。对于目前适用于农村污水处理的脱氮除磷方法，控制总磷指标经济技术性较好，因此，在对受纳水体环境管理要求较高的地区，将总磷指标作为防止受纳水体富营养化的主要控制因子，在对受纳水体环境管理要求严格的地区，同时控制总磷和总氮指标。氨氮作为生活污水中的主要污染物质，不仅仅是水体富营养化的主要因素，同时也是水体中的主要耗氧污染物，氨氮氧化分解消耗水中的溶解氧，可直接导致水体发黑发臭，因此，将氨氮作为本标准所有情形下都必须控制的项目。

从对河南省农村生活污水抽样检测调查情况看，一般情况下原水阴离子表面活性剂（LAS）浓度较低，经生化/生态处理后不会对水环境造成较大影响，考虑到 LAS 监测难度和成本较高，因此本标准不对 LAS 进行控制。

控制粪大肠菌群，污水处理工艺末端须设置消毒设施。针对河南省农村生活污水处理现状，设置消毒设施后运行费用增加、运维管理复杂。从农村生活污水水质特征来看，病原微生物类型及数量与其他行业废水相比危害极小。综合技术经济性，本标准不将粪大肠菌群作为控制因子。

动植物油漂浮在水体表面，影响空气与水体界面间的氧交换，从而导致水体缺氧水质恶化。对于动植物油指标，其主要来源于餐厨废水，考虑到近年来农村地区餐饮业发展较快，产生的污水可能排入农村污水处理设施，由于该部分污水中的动植物油含量较高，本标准对动植物油指标进行控制。

综合考虑，本标准确定 pH、化学需氧量、氨氮、悬浮物、动植物油 5 项指标所有情形都要控制，总氮、总磷在对水环境影响大、受纳水体环境管理要求高的情形下增加控制。

8.5.3 标准限值确定

（1）标准限值确定原则

本标准限值确定原则：

①分区分级、宽严相济：各地水环境特点不同、村庄排水去向不同，标准限值的确定需要根据实际情况区别对待；

②回用优先、源头减排：鼓励农村生活污水回用，减少尾水排放，从源头上减少污染排放；

③全面统筹、保证运行：既要考虑排水水质，还要针对项目设计、建设、运

维和监管等四方面进行统筹考虑；

④与国家要求相衔接。严格按照《关于加快制定地方农村生活污水处理排放标准的通知》和《农村生活污水处理设施水污染物排放控制规范编制工作指南（试行）》要求制定标准限值。

（2）《关于加快制定地方农村生活污水处理排放标准的通知》

出水直接排入村庄附近池塘等环境功能未明确的小微水体，控制指标和排放限值的确定，应保证该受纳水体不发生黑臭。出水流经沟渠、自然湿地等间接排入水体，可适当放宽排放限值。

（3）《农村生活污水处理设施水污染物排放控制规范编制工作指南（试行）》

出水直接排入 GB 3838 Ⅱ类、Ⅲ类功能水域的（划定的饮用水水源保护区除外）及 GB 3097 二类海域，其相应控制指标值参考不宽于 GB 18918 一级 B 标准浓度限值，且污染物应按照水体功能要求实现污染物总量控制。出水排入 GB 3838 地表水Ⅳ类、Ⅴ类功能水域的及 GB 3097 中三类、四类海域的，其相应控制指标值参考不宽于 GB 18918 二级标准浓度限值；其中受纳水体有总氮控制要求的，由地方根据实际情况，科学制定排放浓度限值。

出水直接排入村庄附近池塘等环境功能未明确的水体，控制指标值的确定，应保证该受纳水体不发生黑臭，其基本控制指标值参考不宽于 GB 18918 三级标准浓度限值，氨氮参考不宽于《城市黑臭水体整治工作指南》（建城〔2015〕130 号）中规定的城市黑臭水体污染程度分级标准轻度黑臭的浓度限值。

出水流经自然湿地等间接排入水体的，其控制指标值参考不宽于 GB 18918 三级标准浓度限值，同时，自然湿地等出水应满足受纳水体的污染物排放控制要求。

（4）排放标准限值确定

1）一级标准

本标准确定：规模大于 10 m^3/d（不含）且出水直接排入 GB 3838 Ⅱ类、Ⅲ类水体和湖、库等封闭水体的新建农村生活污水处理设施执行一级标准。控制项目为 pH、悬浮物、化学需氧量、氨氮、总氮、总磷和动植物油 7 个。

该类水体主要是饮用水水源地上游、地下水源补给区、一般鱼类保护区或渔业水域及游泳区，同时设置有考核断面，是需要进行特殊保护的重点水体，为保障水质安全，应规定较严格的污染物排放限值，考虑河南省农村实际，满足《农村生活污水处理设施水污染物排放控制规范编制工作指南（试行）》要求，确定一级标准与 GB 18918 中一级 B 标准控制水平相当。

2）二级标准

本标准确定：规模大于 10 m^3/d（不含）且出水直接排入 GB 3838 Ⅳ类、Ⅴ类水体和水环境功能未明确的池塘等封闭水体的新建农村生活污水处理设施执行二级标准。控制项目为 pH、悬浮物、化学需氧量、氨氮、总磷和动植物油 6 个。

GB 3838 Ⅳ类、Ⅴ类水体主要适用于一般工业用水区、人体非直接接触的娱乐用水区和农业用水区、一般景观要求水域，河流水域相对较大，设置有考核断面，《关于加快制定地方农村生活污水处理排放标准的通知》中提出“出水直接排入村庄附近池塘等环境功能未明确的小微水体，控制指标和排放限值的确定，应保证该受纳水体不发生黑臭”，需要规定较为严格的排放限值。结合国家《农村生活污水处理设施水污染物排放控制规范编制工作指南（试行）》要求、城镇黑臭水体污染程度分级标准（表 8-4）和河南省农村环境管理需要，确定本标准中二级标准控制水平总体与 GB 18918 中二级标准相当，适当加严了化学需氧量、氨氮和总磷控制要求。

表 8-4 城市黑臭水体污染程度分级标准

特征指标	轻度黑臭	重度黑臭
透明度/cm	25～10*	＜10*
溶解氧/（mg/L）	0.2～2.0	＜0.2
氧化还原电位/mV	−200～50	＜−200
氨氮/（mg/L）	8.0～15	＞15

* 水深不足 25 cm 时，该指标按水深的 40%取值。

3）三级标准

本标准确定：规模小于 10 m^3/d（含）或者出水排入沟渠、自然湿地和其他水环境功能未明确水体等的新建农村生活污水处理设施执行三级标准。控制项目为 pH、悬浮物、化学需氧量、氨氮和动植物油 5 个。

规模小于 10 m^3/d（含）的处理设施对水环境影响较小，且考虑到污水收集处理和运行成本，可适当放宽排放标准。《关于加快制定地方农村生活污水处理排放标准的通知》和《农村生活污水处理设施水污染物排放控制规范编制工作指南（试行）》中指出：出水直接排入村庄附近池塘等环境功能未明确的水体，控制指标值的确定，应保证该受纳水体不发生黑臭，出水流经沟渠、自然湿地等间接排入水体，可适当放宽排放限值。本标准中三级标准控制水平总体与 GB 18918 中三级标准相当，但为控制黑臭水体发生，设置了氨氮指标，适当加严了化学需氧量和动植物油控制要求。

参考文献

[1] 盖拉德. 工业标准化——原理与应用[M]. 纽约：纽约出版社，1934.

[2] 桑德斯. 标准化的目的与原理[M]. 北京：科学文献出版社，1974.

[3] ISO/IEC GUIDE 2—1996，有关标准化及标准化活动的通用词汇[S].

[4] GB/T 2000. 1—2014，标准化工作指南　第 1 部分：标准化和相关活动的通用术语 [S].

[5] 韩德培，肖隆安. 环境法知识大全[M]. 北京：中国环境科学出版社，1999：97.

[6] 蔡守秋. 环境资源法学[M]. 北京：人民法院出版社，中国人民公安大学出版社，2003：172.

[7] 金瑞林. 环境与资源保护法学[M]. 北京：高等教育出版社，1999.

[8] 张梓太，吴卫星. 环境与资源法学[M]. 北京：科学出版社，2002：102.

[9] 国家环保总局. 环境标准管理办法[Z]. 1999-04-01.

[10] 朴光诛. 环境法与环境执法[M]. 北京：中国环境科学出版社，2002：78-85.

[11] 程晟. 环境标准立法问题研究[D]. 桂林：广西师范大学，2011.

[12] 彭若愚. 论环境标准的法律意义[J]. 中山大学研究生学刊，2006，27（4）：59-67.

[13] 张传秀，宋晓铭. 浅议我国的环境标准[J]. 化工环保，2004，24：448-452.

[14] 聂蕊. 中美环境标准制度比较[D]. 昆明：昆明理工大学，2005.

[15] 王轩萱. 中美环境标准比较研究[D]. 长沙：湖南师范大学，2014.

[16] 李文峻. 浅谈我国环境标准在环境管理中的作用[J]. 黑龙江环境通报，2010，34（3）：4-6.

[17] 吴邦灿. 我国环境标准的历史与现状[J]. 环境监测管理与技术，1999，11（3）：23-30.

[18] 金筱青. 论我国环境保护标准体系及建议[J]. 中国标准化，2007，1：52-54.

[19] 中华人民共和国环境保护部科技标准司. 历年发布的国家环境保护标准名录[EB/OL]（2010-08-01）. http：//kjs.mep.gov.cn/hjbhbz/index.html.

[20] 韩德培. 环境保护法教程[M]. 北京：法律出版社，2002.

[21] 环境保护部环境工程评估中心. 建设项目环境影响评价培训教材[M]. 北京：中国环境科学出版社，2011.

[22] 王文美，陈瑞，魏丽超，等. 地方环境保护标准现状问题分析与对策研究[J]. 环境科学导刊，2010，29（5）：21-24.

[23] 冯波. 我国环境保护标准制定主体探究[J]. 环境保护，2000，5：7-9.

[24] 鲁东霞. 双洎河流域水污染物排放标准的定位研究[J]. 河南科学，2012，9：1311-1314.

[25] 环境保护部. 关于加强地方环保标准工作的指导意见[Z]. 2014-04-10.

[26] 环境保护部. 地方环境质量标准和污染物排放标准备案管理办法[Z]. 2010-01-28.

[27] GB/T 13201—91，制定地方大气污染物排放标准的技术方法[S].

[28] GB 3839—83，制定地方水污染物排放标准的技术方法[S].

[29] HJ 565—2010，环境保护标准编制出版技术指南[S].

[30] 国家环保总局. 加强国家污染物排放标准制修订工作的指导意见[Z]. 2007-03-20.

[31] 国家环保总局. 国家环境保护标准制修订工作管理办法[Z]. 2006-08-31.

[32] 陆继来，邓延慧. 江苏省地方环境保护体系建设刍议[J]. 环境监测管理与技术，2013，24（6）：4-6.

[33] 冯波. 建立和完善环境标准体系[N]. 中国环境报，2011-12-01.

[34] 环境保护部. 关于征求《国家环境保护标准“十二五”规划》（征求意见稿）意见的函，2010-10-14.

[35] 陈蕊. 欧盟工业废水污染物排放限值的制定方法[J]. 上海环境科学，2004，23（5）：210-214.

[36] 王彬辉. 加拿大环境标准制定程序及对中国的启示[J]. 环境污染与防治，2011，33（3）：102-106.

[37] GB 8978—1996，污水综合排放标准[S].

[38] GB 18918—2002，城镇污水处理厂污染物排放标准[S].

[39] GB 20426—2006，煤炭工业污染物排放标准[S].

[40] GB 3544—2008，制浆造纸工业水污染物排放标准[S].

[41] DB 11/307—2005，北京市水污染物排放标准[S].

[42] DB 21/1627—2008，广东省水污染物综合排放标准[S].

[43] DB 31/199—1997，上海市污水综合排放标准[S].

[44] DB 21/1627—2008，辽宁省污水综合排放标准[S].

[45] DB 12/356—2008，天津市污水综合排放标准[S].

[46] DB 61/224—2011，黄河流域（陕西段）污水综合排放标准[S].

[47] DB 61/224—2006，渭河水系（陕西段）污水综合排放标准[S].

[48] DB 37/676—2007，山东省半岛流域水污染物综合排放标准[S].

[49] DB 37/675—2007，山东省海河流域水污染物综合排放标准[S].

[50] DB 37/656—2006，山东省小清河流域水污染物综合排放标准[S].

[51] DB 37/599—2006，山东省南水北调沿线水污染物综合排放标准[S].

[52] 河南省统计局，国家统计局河南调查总队. 2011 河南统计年鉴[Z]. 北京：中国统计出版社，2011.

[53] 郑州市统计局，国家统计局郑州调查队. 郑州统计年鉴（2007—2011 年）[Z]. 北京：中国统计出版社.

[54] 郑州市环境监测站. 郑州市环境监测年鉴（2003—2010 年）[Z]. 郑州：郑州市环境监测站.

[55] 郑州市环境保护局. 郑州市环境统计年报（2006—2010 年）[Z]. 郑州：郑州市环境保护局.

[56] 河南省环境保护科学研究院，河南省环境监测中心. 河南省环境容量研究报告[Z]. 郑州：河南省环境保护科学研究院，2011.

[57] 河南省人民政府办公厅关于印发河南省城市集中式饮用水源保护区划的通知，豫政办〔2007〕125 号.

[58] 河南省人民政府关于切实加强“十二五”主要污染物总量减排工作的意见，豫政〔2011〕74 号.

[59] 新密市人民政府关于印发《新密市国民经济和社会发展第十二个五年规划纲要》的通知，新密政〔2011〕10 号.

[60] 河南省新密市造纸工业“十二五”发展规划，2011-12.

[61] 福建省《制浆造纸工业水污染物排放标准》编制说明（征求意见稿）.

[62] 新密市统计局. 新密市 2010 年国民经济和社会发展统计公报[Z]. 郑州：郑州市新密市统计局，2011.

[63] 尉氏县政府办. 尉氏县 2011 年政府工作报告[Z]. 开封：尉氏县政府办，2011.

[64] 张琛. 制革业重金属污染及治理[J]. 环境教育，2012，1：210-214.

[65] GB/T 4754—2011，国民经济行业分类[S].

[66] GB 31571—2015，石油化学工业污染物排放标准[S].

[67] GB 31572—2015，合成树脂工业污染物排放标准[S].